解開超級食物關鍵密碼、
擺脫烹調雷區的 288 道食譜，
發揮營養最大值

這樣煮
才對！

植化素

蔬菜

大全

石原結實
醫學博士

牧野直子
料理家兼管理營養師

林姿呈
譯者

CONTENTS

本書使用方法

●計量單位：1杯＝200ml，1大匙＝15ml，1小匙＝5ml，1米杯＝180ml。
●一碗白飯約150g。
●如未特別說明，大多使用中火烹煮。
●微波爐的加熱時間多以功率600W為主，如果使用500W，加熱時間請拉長1.2倍。
　惟須注意，機器型號不同，可能有些微的差異。

植化素 蔬菜 大全

CONTENTS

STAFF

書本設計：細山田光宣、狩野聰子、横村葵
　　　　　（細谷田設計事務所）
攝影：白根正治
插畫：村田善子
盛盤設計：中安章子、久保原惠理
營養計算：Studio食
DTP：CAPS公司
校正：麥秋藝術出版
編輯：仲保佳惠、大矢麻利子（KADOKAWA）

洋蔥

古今中外，洋蔥的營養價值，向來是餐桌上不可欠缺的一道珍品。
時至今日，洋蔥依舊是一種得以改善慢性疾病等
俗稱文明病的良好食材。
建議每天食用，讓身體有效攝取洋蔥的神奇功效。

洋蔥清血，能增強新陳代謝，預防生活習慣病

我們餐桌上不可或缺的重要食材。

洋

蔥的起源相當久遠，源起於中亞地區。根據記載，在古埃及時代，洋蔥與蒜頭同樣被視為貴重的營養來源，經常被分發給建造金字塔的工人。洋蔥於江戶時代（一六○三至一八六七年）藉由南蠻船運經長崎傳入日本，最初僅作為觀賞使用，明治（一八六八至一九一二年）以後才開始實際栽種。隨著西洋料理的普及，洋蔥已然成為

硫化丙烯的淨血作用，可促使血流通暢

洋蔥與韭菜、蒜頭、長蔥、蕎頭都是百合科蔥屬植物的蔬菜，這些蔬菜特有的刺鼻氣味與辛辣成分，源自含硫化合物的「硫化丙烯」，可強化血液循環，保持血液的清潔與暢通。血液變乾淨、循環順暢，新陳代謝自然會提高，連帶增強免疫力、促進體溫升高。此外，硫化丙烯還有預防及改善血栓的作用，因此有助於預防動脈硬化、心絞痛、心肌梗塞、腦中風。

另外，降低膽固醇、燃燒脂肪、滋養強壯、利尿、發汗、解毒、殺菌、防腐作用等，都是硫化丙烯的核心功效。

切開洋蔥，能使硫化丙烯效果倍增

硫化丙烯在經過切碎、加熱等破壞細胞的過程中，原本的成分會有所變化，因此可達成各種增強健康的功效。

「蒜素」便是硫化丙烯轉換後，最具代表性的例子。切開洋蔥，使其暴露在空氣中超過十五分鐘以上，硫化丙烯會被同樣是洋蔥中所含的酵素成分「蒜氨酸酶」分解，形成蒜素，增強維生素B$_1$吸收，幫助其發揮效用。維生素B$_1$是代謝碳水化合物的重要營養素。如果缺乏維生素B$_1$，會導致疲勞、食慾不振、失眠、焦躁，但維生素B$_1$的水溶性特性，使其無法長時間停留在體內。不過，當維生素B$_1$與蒜素結合形成「蒜硫胺素」，便可在體內慢慢發揮作用。

此外，洋蔥含有「激糖素」，可以降血糖，所以對糖尿病也有效。

洋蔥皮或果肉中所含「槲皮素」屬於一種類黃酮，不僅可抑制脂肪吸收，亦可促進脂肪的分解排出。槲皮素的抗氧化作用也廣為人知，不僅可軟化血管、降低血壓，最近更發現可強化腦細胞神經傳導物質，預防失智症，因而備受關注。

誠如以上，洋蔥是一種擁有多種功效、宛如聚寶盒的超級食物。為了有效利用上述成分，最佳辦法便是積極將洋蔥納入日常飲食之中。

COLUMN

代謝症候群更需要吃洋蔥

「代謝症候群」意指「內臟脂肪型肥胖」同時併發「高血壓」、「高血糖」、「高脂血症」中兩種以上症狀的情況，是心肌梗塞、腦中風、心絞痛等危及生命疾病的高風險族群。

代謝症候群原本是一種體溫下降造成的代謝異常。洋蔥中所含的硫化丙烯有助於改善血液循環，可促進身體的新陳代謝、提高體溫、增強免疫力。所以，平日積極攝取洋蔥，可說是對抗代謝症候群的有效方法。

洋蔥 **10** 種功效

據說，洋蔥也擁有「一天一洋蔥，醫生遠離我」的功效。以下介紹洋蔥不可或缺的有效成分。

功效 **01** 燃燒脂肪

洋蔥加熱後，可發揮降低中性脂肪的作用。此外，洋蔥褐色表皮中富含槲皮素，為一種類黃酮，不僅可抑制脂肪吸收，更具有促進脂肪排出的效果。

功效 **02** 降低血壓

硫化丙烯是一種作用於血壓的成分，可擴張血管、促進血液循環、降低血壓。此外，硫化丙烯還可與洋蔥富含的維生素C及槲皮素一同作用，可增強血管彈性，強健微血管的活力。

功效 **03** 預防血栓

眾所周知硫代亞硫酸鹽不僅可防止血栓形成，還具有溶解血栓的作用。此外，洋蔥可增加血液中的好膽固醇，並降低壞膽固醇含量，達到淨化血液的作用。

功效 **04** 降血糖

激糖素是洋蔥特別值得注意的營養素之一。激糖素具有降血糖作用，對糖尿病極為有益。激糖素耐高溫，但為水溶性，遇水或醋便會溶出，因此在品嘗湯品等料理時，建議連湯汁一起食用。

滋養強壯 功效08

蒜素有助於改善慢性疲勞或肌肉疲勞等症狀，可增強精力，與維生素B₁結合形成蒜硫胺素，可提高維生素B₁的吸收和利用、提升新陳代謝，亦可增加食慾，恢復體力。

功效09 抗菌、殺菌

自古以來人們便認為硫化丙烯等香味成分中富含抗菌、殺菌、驅蟲、防腐等作用，據說英國人會在廚房或病房擺放洋蔥，作為「祛病護身符」之用。

解毒作用 功效10

人們十分關注的蔬菜解毒物質——植化素，其強大的抗氧化作用，可排除體內有毒物質，淨化身體、增強免疫力。洋蔥的槲皮素亦有很強的抗氧化作用。

功效05 利尿、發汗

洋蔥、長蔥等蔥屬蔬菜有利尿、促進血液循環、發汗、解熱等作用，且有助於維生素B₁的吸收，促進新陳代謝，因此自古便被人們認為是治療感冒的聖品。

鎮靜作用 功效06

硫化合物具有鎮靜神經的作用，一般認為有助於舒緩壓力。當神經高度緊張時，有一種民俗療法是將切碎的生洋蔥放在器皿中，置於床頭附近，據說有助於睡眠。

功效07 抗過敏

在過敏疾病中，組織胺會刺激支氣管、皮膚血管。如今研究發現，硫代亞硫酸鹽具有抗組織胺的作用。此外，洋蔥槲皮素的抗過敏作用亦備受矚目。

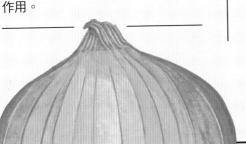

洋蔥的營養烹飪技巧 Q&A

在此由石原結實院長及牧野直子管理營養師說明有哪些烹飪技巧，可更有效攝取洋蔥的營養。

Q 切法會影響洋蔥的營養嗎？怎麼切最恰當？

A 切碎或切薄片，破壞洋蔥細胞最有效。

目前尚無關於切法的營養成分數據，不過，一般認為切絲或切碎最容易釋出香味成分的蒜素。蒜素可望發揮消除疲勞、防止血栓、抗菌、發汗、利尿等作用。

切片時，也同樣是切得愈薄愈有助於釋放蒜素。就口感而言，與纖維紋路垂直切，可使洋蔥在短時間內煮得軟爛；順著紋路切，可保持其清脆口感。若想保持洋蔥食用時的口感或需長時間加熱，建議順著纖維紋路切。

Q 如何烹煮洋蔥，最能有效攝取營養？

A 將切好的洋蔥靜置十五分鐘以上，使其接觸空氣，營養加倍。

吸收洋蔥營養的關鍵在於——切開洋蔥後，使其暴露在空氣中，靜置十五至三十分鐘。

藉此，酶的作用會改變辛味成分的硫化合物，形成可提高新陳代謝或防止血栓生成的成分。烹調洋蔥也同樣建議切開洋蔥後，先靜置十五分鐘以上再使用。

反之，洋蔥的辛味成分為水溶性，泡水或加鹽搓一搓便會溶出水中，因此營養成分會流失在燉煮的湯品或菜餚湯汁中，所以記住連湯汁一起享用，以免造成浪費。

洋蔥辛辣難以入口，有什麼建議嗎？

不妨做成醋漬或油漬洋蔥。

泡水或加鹽輕漬，可緩解洋蔥的辛辣口感，但須留意，這種方式可能會失去辛味成分的健康功效。或可用醋或油醃漬，此時洋蔥成分也會溶於醋中，所以醃漬的湯汁不妨當調味醬或沾醬使用。

此外，洋蔥經蒸、煮、炒等加熱過程，甜味倍增。儘管洋蔥的營養成分會溶於水，卻非常耐煮。

用小洋蔥或紫洋蔥代替洋蔥，也有同樣效果嗎？

紫洋蔥可望更強的排毒效果。

小洋蔥不僅可做味噌湯，燉、煮、炒、炸皆適用，與洋蔥同樣可應用於多種菜餚。將常用的洋蔥換成小洋蔥，不僅外觀更有變化，還能享受不同的口感滋味。

據說，紫洋蔥的植化素含量比一般洋蔥更豐富，具有去除有害物質毒素的解毒作用，沒有奇特風味，相當好入口。透過生食方式，諸如紫洋蔥切片、沙拉或涼拌等，最能發揮效用。

怎麼切洋蔥，才不會刺激流淚？

建議切之前先冷藏

切洋蔥不流淚的秘訣在於冷藏後再切。此外，據說將鋒利的刀口邊緣，邊沾水邊切，亦可有效防止流淚。

因為辛味成分會溶於水。烹煮前，不妨事先將洋蔥冰鎮後再處理。

聽說洋蔥的褐色表皮用處非常大？

具有抗氧化作用，可降低血壓，減少中性脂肪。

洋蔥表皮上的黃褐色色素源自一種類黃酮的槲皮素。洋蔥果肉亦含有槲皮素，具有強烈的抗氧化作用，可強健微血管、降血壓、減少中性脂肪。

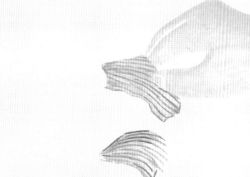

洋蔥全利用食譜

每天都能吃到的美味洋蔥！在此介紹一些可在短時間內完成，
並保留整顆洋蔥營養的簡單食譜。

蒸洋蔥

享受洋蔥多汁甘甜的溫和滋味

材料（2人份）

洋蔥 … 2顆

〈橘醋醬〉
橘醋醬油 … 2大匙
芝麻油 … 2小匙

作法

1 洋蔥切除頭尾蒂頭。

2 將洋蔥皮鋪在耐熱盤上，放上切好的洋蔥，整盤放入事先加熱的蒸鍋中，蒸15～20鐘（洋蔥皮可吃、可不吃）。

3 取出後盛盤，將橘醋醬的材料均勻混合，可依喜好撒山椒粉、七味辣椒粉（皆為額外份量）。

一人份 **122** kcal　鹽分一人份 **1.5** g

香烤洋蔥

享受洋蔥多汁甘甜的溫和滋味

材料（2人份）

洋蔥 … 2顆
橄欖油 … 2大匙
鹽 … 1/5小匙
粗黑胡椒粉 … 少許
帕馬森起司 … 10g

作法

1. 洋蔥切除頭尾蒂頭，橫切二至三等分。

2. 平底鍋中加橄欖油，充分浸潤鍋體後，放入洋蔥塊，以大火煎燒。

3. 兩面仔細煎至焦黃，蓋上鍋蓋，轉小火，慢火蒸煎至洋蔥熟透。

4. 撒鹽、粗黑胡椒粉，用刨刀或菜刀將帕馬森起司切薄片，裝飾在洋蔥塊上（亦可用起司粉）。

一人份 208 kcal　鹽分一人份 0.8 g

蒸烤洋蔥

整顆洋蔥用鋁箔紙包覆，直接進烤箱！

材料（2人份）

洋蔥 … 2顆
奶油 … 2大匙
醬油 … 1大匙滿匙
柴魚片 … 1/2小袋

作法

1. 洋蔥連皮去頭尾蒂頭，從頂端深切十字但不切到底，將奶油放於切口處。

2. 用兩層鋁箔紙包覆洋蔥，以預熱至200℃的烤箱烤20～25分鐘。

3. 出爐後盛盤，淋醬油，撒柴魚片。

一人份 172 kcal　鹽分一人份 1.5 g

炸洋蔥

搭配洋蔥塔塔醬的
雙重享受

洋蔥…2顆
油炸油…適量
〈塔塔醬〉
　蒸蛋…1顆
　洋蔥…1/4顆
　蕎頭…2顆
　美乃滋…3大匙
　鹽、胡椒粉…各少許

作法

1 洋蔥連皮放入深鍋中，倒入油炸油直到洋蔥一半高度後開火，以170℃仔細油炸7～8分鐘。

2 製作塔塔醬。把蒸蛋的蛋白、洋蔥、蕎頭切碎，再與蛋黃、美乃滋、鹽、胡椒粉混合。

3 將步驟1的洋蔥切成適當大小，佐以塔塔醬。

一人份 373kcal　鹽分一人份 0.8g

材料（2人份）

洋蔥…2顆
〈肉餡〉
　雞絞肉…50g
　醬油、酒…各1/2小匙
　太白粉…1小匙

薑汁…少許
高湯…約4杯
薄鹽醬油…4大匙
味醂…2大匙
黃芥末醬…少許

作法

1 洋蔥切除頭尾蒂頭，把頂端稍微挖空，並將挖除的洋蔥切碎備用。

2 將絞肉、醬油、酒、太白粉、薑汁、步驟1中切碎的洋蔥末放入調理碗中，均勻混拌。

3 於洋蔥切口處撒少許太白粉（額外份量），填入步驟2的肉餡。

4 準備一個可以放入兩顆洋蔥的大鍋，但又不會太大導致洋蔥在烹煮時四處滾動。於鍋中放入洋蔥，倒入高湯蓋過洋蔥後，開火煮沸。加薄鹽醬油、味醂，鋪上食品吸油紙，熬煮至洋蔥熟軟。

5 連同湯汁盛盤，加入黃芥末醬，增添風味。

日式燉洋蔥

慢火烹調的美味，
令人拍案叫絕！

一人份 141kcal　鹽分一人份 1.8g

煮洋蔥

吸滿湯汁的小洋蔥，溫暖人心的好滋味

（材料（2人份）

小洋蔥 … 6顆
揚丸 … 6顆
高湯 … 2杯
薄鹽醬油 … 1大匙
鹽 … 1/4小匙
味醂 … 1大匙
黃芥末醬 … 少許

（作法）

1 小洋蔥剝皮去芯，揚丸用滾水燙過，瀝乾水分，用竹籤串起。

2 取一小鍋，倒入高湯、薄鹽醬油、鹽、味醂煮滾，加入1的材料，熬煮至洋蔥熟軟。

3 盛盤，加入黃芥末醬，增添風味。

一人份 101 kcal ｜ 鹽分一人份 2.2 g

（材料（2人份）

小洋蔥 … 6顆
豬後腿肉片 … 6片（150g）
鹽、胡椒粉 … 各少許
〈麵衣〉
　麵粉、蛋液、麵包粉 … 各適量
　油炸油 … 適量
〈沾醬〉
　番茄醬 … 1大匙
　伍斯特醬 … 1大匙

酥炸小洋蔥豬肉捲

外層麵衣酥脆，內層香甜多汁

（作法）

1 小洋蔥切除頭尾蒂頭。

2 豬肉片攤平，抹鹽、胡椒粉、麵粉，每片裹一顆小洋蔥，個別用竹籤單顆固定。

3 依序均勻沾裹麵衣材料，以170℃油炸至金黃。將沾醬材料混拌均勻，一同上桌。

一人份 434 kcal ｜ 鹽分一人份 1.5 g

極品！洋蔥沙拉

洋蔥切成薄片後，清甜中帶點微苦，鮮嫩多汁，
還富含清血作用的硫化丙烯，生食最能發揮其效用。
生洋蔥泡水會使營養成分流失，應盡量避免。

用微波爐料理，輕鬆又簡單！
加豆瓣醬的醬料是美味關鍵

清蒸雞肉絲
與洋蔥的
中華風微辣芝麻醬沙拉

材料（2人份）

洋蔥…1顆
雞胸肉…小型1片（200g）
鹽、胡椒粉…各少許
酒…1大匙
蘿蔔嬰…1/2盒
〈芝麻醬〉
橘醋醬油…2大匙
白芝麻醬…2小匙
豆瓣醬…1/4小匙～依喜好添加

作法

1 洋蔥切薄片。

2 將雞肉放在耐熱盤上鋪平，撒鹽、胡椒粉、酒，
前後沾抹均勻，封上保鮮膜，以微波爐加熱約
4分鐘，放涼後撕成細絲。

3 蘿蔔嬰去根。

4 將洋蔥、蘿蔔嬰、2 的材料混拌均勻後盛盤，
淋上調製好的芝麻醬料。

一人份 **275** kcal ｜鹽分一人份 **1.9** g

洋蔥

洋蔥拌豆皮和風沙拉

炸得酥脆的香酥豆皮，增添口感上的驚喜

一人份 127 kcal　鹽分一人份 1.1 g

材料（2人份）

洋蔥 … 1顆
油豆腐皮 … 1片
芝麻油 … 1小匙
和風沙拉醬（市售品）
　… 2〜3大匙
海苔細絲 … 少許

作法

1 洋蔥切薄片，油豆腐皮對半切開，再切成條狀。

2 平底鍋加入芝麻油熱鍋，加油豆腐皮炸至酥脆。

3 趁熱將油豆腐皮與洋蔥混拌，添加和風沙拉醬混拌均勻，盛盤後，以海苔細絲裝飾。

紫洋蔥燻鮭魚沙拉

使用較不辛辣的紫洋蔥，讓料理色彩更鮮麗

一人份 164 kcal　鹽分一人份 1.4 g

材料（2人份）

紫洋蔥 … 1顆
煙燻鮭魚 … 40g
核桃 … 10g
〈芥末調味醬〉
　顆粒芥末醬 … 1/2大匙
　法式沙拉醬（市售品）… 2大匙

作法

1 紫洋蔥切薄片，燻鮭魚切成1.5公分寬。

2 核桃用平底鍋加熱烤熟後，切粗粒。

3 將芥末調味醬的材料均勻混拌，與1、2材料快速攪拌後盛盤。

洋蔥的實用常備菜

為了每天都能吃到洋蔥，
在此推薦洋蔥醬或醋漬洋蔥等家用常備菜，可以應用在各種菜色上，
十分便利。冷藏皆可保存約三天。

常備菜①

萬用洋蔥醬

剛做好的洋蔥醬已十分美味，
但醃製個一、兩天使醬汁入味，
更加香醇濃郁，非常適合搭配涼拌豆腐或
溫豆腐當佐料，或用來調製
烤肉、烤魚或漢堡排的醬料也是一絕。

材料（方便製作的份量）

洋蔥 … 2顆
醬油 … 1/4杯
顆粒高湯粉 … 1/2小匙
芝麻油 … 1大匙

作法

1 洋蔥切碎。

2 將醬油、高湯粉、芝麻油調勻後，加入洋蔥末攪拌均勻。

總熱量 304 kcal　　總鹽分 9.1 g

應用

材料（2人份）

萬用洋蔥醬 … 4大匙
嫩豆腐 … 1塊
柴魚片 … 適量

作法

1 嫩豆腐稍微瀝水後，切方塊盛盤。

2 在豆腐上放上滿滿的萬用洋蔥醬，撒柴魚片。

健康涼拌豆腐

只需鋪放在豆腐上
佐以湯豆腐也十分美味

一人份 106 kcal　　鹽分一人份 0.6 g

萬用洋蔥醬的涮白肉沙拉

與涮白肉超搭
改用牛肉或雞肉美味不減

材料（2人份）

萬用洋蔥醬…4大匙
金針菇…1袋
水菜…1/2束
豬肉涮片…150g
長蔥葉段…約1根
薑片…2片

作法

1 金針菇切除根部，
　剝小瓣，燙熟後瀝
　乾備用。水菜切成
　3cm長度。

2 於燙金針菇的滾水中加蔥段及薑片，涮豬肉
　片，熟後放入冰塊水冰鎮，確實瀝乾水分。

3 將水菜平鋪在盤子上，盛上金針菇與豬肉片，
　再淋上滿滿的萬用洋蔥醬。

應用　一人份 144 kcal　鹽分一人份 0.7 g

應用

煎鮭魚佐洋蔥醬

淋上萬用洋蔥醬
享受比平時更清爽的爽口滋味

材料（2人份）

萬用洋蔥醬…3～4大匙
新鮮鮭魚排…2塊
鹽、胡椒粉…各少許
麵粉…適量
沙拉油…1小匙
紅葉萵苣…適量

作法

1 鮭魚撒鹽、胡椒粉，抹麵
　粉，並拍除多餘的粉末。

2 平底鍋倒油熱鍋，放入鮭魚，煎
　至兩面金黃，讓魚身熟透。

3 將紅葉萵苣撕成易入口的大小盛
　盤，擺上煎好的鮭魚，再淋上萬用
　洋蔥醬。

一人份 166 kcal　鹽分一人份 1.1 g

醋漬洋蔥

建議醃漬一天以上會更入味，
可用於拌菜、沙拉、炒菜，或作為肉類或
魚類料理的配菜。營養成分會溶於醋中，
所以建議連漬汁也一起利用。

材料（方便製作的份量）

洋蔥…2顆
鹽…少許
紅辣椒…3根
壽司醋（市售品）
　　…1又1/2杯
橄欖油…2大匙

作法

1 洋蔥切細絲，以加鹽滾水迅速汆燙後瀝乾備用。

2 將紅辣椒切圈並去籽。

3 將壽司醋、紅辣椒、橄欖油調勻，洋蔥趁熱加入醃漬使其入味。

總熱量 **646** kcal　　總鹽分 **11.9** g

應用

馬鈴薯洋蔥沙拉

最純粹的美味
不分年齡，人人喜愛

材料（4人分）

醋漬洋蔥…約1/4顆
馬鈴薯…2顆
罐頭螃蟹…1/2罐
美乃滋…2小匙
鹽、胡椒粉…各少許

作法

1 馬鈴薯連皮洗淨後用保鮮膜包起，以微波爐加熱5～6分鐘，趁熱去皮並搗碎。

2 將醋漬洋蔥、撥鬆的蟹肉加入**1**中，加入美乃滋混拌均勻，並以鹽、胡椒粉調味。

一人份 **114** kcal　　鹽分一人份 **1.0** g

乾煎鯖魚佐醋漬洋蔥

除了鯖魚以外，亦可搭配竹筴魚、沙丁魚、鮭魚、柳葉魚

材料（2人份）

醋漬洋蔥
  …約1/2顆
鯖魚（魚片）
  …1片（約1/2尾）
鹽、胡椒粉
  …各少許

作法

1 將鯖魚片斜切成易入口的大小，抹鹽、胡椒粉。

2 用烤爐烤鯖魚，趁熱以醋漬洋蔥醃漬，使其入味。

應用　一人份242kcal　鹽分一人份1.8g

應用

醋漬洋蔥炒雞丁

咖哩與胡椒的香氣，令人食慾大增

材料（2人份）

醋漬洋蔥…約1/2顆
雞胸肉…150g
鹽、胡椒粉…各適量
咖哩粉…1/4小匙
沙拉油…2小匙

作法

1 雞胸肉切成適口大小，撒少許鹽及胡椒粉，加咖哩粉抓醃。

2 平底鍋倒油熱鍋，先炒雞肉，炒至微白後，加入醋漬洋蔥繼續拌炒，最後以鹽、胡椒粉調味。

一人份262kcal　鹽分一人份1.9g

醬漬洋蔥

伍斯特醬的辛辣香氣，搭配醋的酸味，令人
不禁食指大動。可作為漢堡排、炸物的醬汁，
亦可用來製作炒烏龍麵或炒麵。完成後
靜置兩天，讓醬汁入味，會更加香醇濃郁。

材料（方便製作的份量）

洋蔥…3顆
伍斯特醬…1/2杯
白醋…2大匙
沙拉油…2大匙
月桂葉…1片

作法

1 洋蔥順紋切成約7mm寬
厚度，撥散後裝入保存
用的保鮮袋內。

2 將伍斯特醬、白醋、沙
拉油與月桂葉調勻。

3 將2倒入1中，用手於外
袋搓揉均勻，擠出空氣後
封口。放入冰箱冷藏，醃
漬兩天左右。

總熱量 585 kcal　總鹽分 9.7 g

應用

洋蔥醬燒漢堡排

洋蔥的雙重享受

漢堡排搭配醬漬洋蔥

材料（2人份）

醬漬洋蔥…150g
醬漬洋蔥的醃漬醬汁
　…1/3杯
〈漢堡肉〉
　牛絞肉…200g
　洋蔥…1/3顆
　沙拉油…1小匙

蛋液…約1/2顆
麵包粉…2大匙
鮮奶…2大匙
鹽、胡椒粉、肉豆蔻
　…各少許
沙拉油…2大匙
西洋菜…適量

作法

1 製作漢堡肉。將洋蔥切碎，用沙拉油炒熟
後放涼。與其他材料全數混合，仔細揉勻
後，分成兩等份並塑形。

2 平底鍋中倒一大匙沙拉油熱鍋，放入1的
肉餅，兩面煎至熟透後取出備用。

3 將2的鍋中擦乾淨，倒一大匙沙拉油熱鍋，
加入醬漬洋蔥拌炒，再加醃漬醬汁煮滾，
將2之漢堡排放回鍋中，使其入味著色。

4 盛盤，一旁佐以西洋菜，點綴裝飾。

一人份 487 kcal　鹽分一人份 1.8 g

洋蔥醬拌豬肉片

醃漬涮白肉，清淡又健康

（材料（2人份）

醬漬洋蔥…150g
醬漬洋蔥的醃漬醬汁…1/3杯
豬肉涮片…150g
青椒…2顆

（作法）

1 於鍋中加滿水，加入各少許的洋蔥碎屑及蒜末（額外份量）煮滾。豬肉片一片一片放進滾水裡汆燙後用濾網撈出，稍微放涼備用。

2 青椒切絲，稍微燙一下。

3 準備一個大碗，倒入醬漬洋蔥及醃漬醬汁，加入1與2的材料，拌勻使其入味。

應用

一人份 266 kcal　鹽分一人份 1.4 g

炒烏龍麵

亦可改用中華拉麵或義大利麵

應用

（材料（2人份）

醬漬洋蔥…200g
醬漬洋蔥的醃漬醬汁…5～6大匙
冷凍烏龍麵…2球
沙拉油…2大匙
鹽、胡椒粉…各少許
太陽蛋…2顆
柴魚片…1袋

（作法）

1 用熱水沖冷凍烏龍麵，將麵條沖開後瀝乾水分。

2 平底鍋倒油熱鍋，放入醬漬洋蔥拌炒，將1的麵條抓鬆放入鍋內，一起翻炒。加入醃漬醬汁，使其均勻沾附麵條，以鹽、胡椒粉調味。

3 盛盤放上太陽蛋，撒柴魚片。

一人份 553 kcal　鹽分一人份 2.8 g

鮪魚洋蔥肉燥

關鍵在於把鮪魚及洋蔥徹底炒乾,去除水分。
可以配飯、麵包、義大利麵,也可以
用來製作拌生菜沙拉或燙青菜的醬料。

材料(方便製作的份量)

洋蔥…1顆
鮪魚罐頭…1小罐
沙拉油…2小匙
醬油、味醂…各1大匙

作法

1 洋蔥切碎,鮪魚罐頭稍微過濾湯汁。

2 於鍋中倒油熱鍋,加入洋蔥、鮪魚拌炒,淋醬油、味醂,持續拌炒直到醬汁收乾。

總熱量 239 kcal　總鹽分 3.0 g

應用

讓黃綠色蔬菜變得更美味的秘密武器

青花菜炒鮪魚洋蔥肉燥

一人份 113 kcal　鹽分一人份 1.3 g

材料(2人份)

鮪魚洋蔥肉燥…150g
青花菜…1顆
沙拉油…1小匙
鹽…少許

作法

1 將青花菜剝小朵。

2 平底鍋中倒油熱鍋,放入青花菜拌炒,撒鹽,加少許水,蓋鍋悶煮。

3 青花菜熟後,加入鮪魚洋蔥肉燥,快速拌炒。

應用

夾麵包,立即上桌

鮪魚洋蔥三明治

一人份 248 kcal　鹽分一人份 1.7 g

材料(2人份)

鮪魚洋蔥肉燥…200g
美乃滋…4小匙
薄片吐司…4片
奶油…適量

作法

1 將鮪魚洋蔥肉燥與美乃滋混拌均勻。

2 每片吐司單面抹奶油,將1的材料平鋪在吐司上,再用另一片吐司夾起。

3 靜置一會使餡料固定,再切成適中大小。

高麗菜

身體要健康，胃腸強健是關鍵。
高麗菜可保持腸胃道健康，有效淨化體內，
防病於未然，是現代人身處壓力之中的強大盟友。

利用維生素的力量，打造可抗壓力、充滿能量的體魄

高

麗菜是十字花科蕓苔屬的多年生植物。原產於歐洲，早在西元前的古希臘及古羅馬時期便已開始種植。

今日雖以結成球形的高麗菜較為常見，但當時是以不結球的單葉高麗菜為主，外形就像今日的「甘藍菜」。結球高麗菜大約出現在十二至十三世紀。日本於江戶時代末期開始種植，於明治時代開始全面栽開始種植，於明治時代開始全面栽

種，並在大正時代（一九一二年至一九二六年）成為大眾廣泛食用的食材。

高麗菜既可生食，又耐高溫，不分季節均能栽種，是每天餐桌上不可欠缺的美味食材。其所擁有的諸多營養功效，能幫助我們對抗充滿高壓的現代社會，是絕對能多加利用的好食材。

維生素U、C可保護胃腸，修復體內損傷

當人們感到壓力時，最先舉白旗投降的往往是胃腸系統，諸如食慾不振、暴飲暴食、胃脹、胃食道逆流、胃潰瘍、十二指腸潰瘍、便祕、腹瀉……等。不僅如此，如果放任壓力累積，還會造成免疫力下

滑、血液循環變差，引來各種疾病纏身。為了打造健康身體，戰勝每日重重的壓力，高麗菜是我們應該極力攝取的好食材。

高麗菜所含維生素U為一種胺基酸，可促進蛋白質合成，保護胃腸黏膜，還可抑制胃酸分泌，修復損傷的黏膜，即使有潰瘍症狀，仍可快速修復傷口。

此外，維生素C可促進荷爾蒙合成，提高抗壓性，有助於改善壓力性潰瘍等消化器官問題及炎症；抗氧化作用可保護身體免受老化及各種疾病原因的活性氧侵害，並可協助白血球增強抵抗力，有望抑制病毒入侵及癌細胞生長。

善腸道環境

豐富的膳食纖維，亦可改

高麗菜含有豐富膳食纖維，可

改善腸道環境。所含膳食纖維約八成為非水溶性，可刺激腸道蠕動，益於通便，並有效預防肥胖，促進腸道內有害物質的排出，改善腸道環境，且膳食纖維有預防「大腸癌」的效果，也已為世界公認。

「肌醇」為維生素B群成員之一，可改善脂肪代謝，亦有助於預防動脈硬化及高脂血症。高麗菜

還含有其他維生素及礦物質，如硫化合物，擁有強大的抗氧化作用；鈣，可強健骨骼；鉀，有助於預防高血壓；β胡蘿蔔素，則可強化免疫力。

高麗菜可說是擁有多種功效的超級蔬菜，不僅可使容易承受壓力的胃腸快速恢復活力，還能保護身體，免受老化疾病等侵害。

COLUMN

想預防骨質疏鬆症 攝取高麗菜的維生素K就對了！

維生素K是預防骨質疏鬆症不可欠缺的重要營養素，可增進鈣的代謝，因此有助於保持骨格健康。此外，受傷造成出血時，維生素K亦具有止血作用，可使血液凝固。

高麗菜含有豐富的維生素K，兩大葉片便可滿足每日所需。

高麗菜 12種功效

高麗菜可從內而外的淨化、修復身體，打造抗壓的好體魄。以下介紹高麗菜的有效成分。

功效 03 分解脂肪，改善肥胖

肌醇可改善膽固醇在體內的流動，預防脂肪肝、動脈硬化、高脂血症及肥胖。肌醇為一種柑橘類等水果富含的成分，高麗菜中亦有豐富的含量。

功效 04 預防骨質疏鬆症

高麗菜中富含的營養成分——維生素K有助於鈣質沉積成骨質，維持骨格健康，亦用於治療骨質疏鬆症的藥物。

功效 05 整腸作用

高麗菜富含膳食纖維，可刺激腸道蠕動，消解便祕，加速有害物質排出，維持良好的腸道環境，亦有益於預防肥胖及生活習慣病。

功效 01 預防胃潰瘍及十二指腸潰瘍

胃潰瘍及十二指腸潰瘍是保護胃及十二指腸的黏膜被胃酸消化的疾病。維生素U可抑制胃酸分泌，快速修復受損的黏膜，幫助其再生。

功效 02 生成膠原蛋白及養顏美容

膠原蛋白可使細胞間相互結合，強健血管、肌肉、骨格及皮膚，維生素C則可促進膠原蛋白生成，抑制黑色素沉澱，亦能預防皺紋及斑點。

功效 10 預防癌症

硫化合物、維生素C、β胡蘿蔔素皆擁有優異的抗氧化作用，可防止癌細胞生長。最近，高麗菜預防大腸癌的功效備受矚目。

清血作用 功效 11

肌醇可改善脂肪代謝，促進脂肪燃燒，保持血液通暢。硫化合物可去除活性氧，預防動脈硬化。血液變乾淨，亦可遠離生活習慣病。

止血作用 功效 12

出血時，維生素K可使傷口周圍的血液凝固，有助於更快止血；沒有出血時，其作用是防止血管內血液結塊。

強化肝功能 功效 06

維生素U可刺激肝臟運轉，合成蛋白質，增強新陳代謝。此外，肌醇可預防肝臟累積過多脂肪。

功效 07 增強免疫力

腸道環境如果想獲得改善，可增強免疫功能，抑制感染症狀加重及癌症的發展。維生素C及β胡蘿蔔素亦有助於白血球功能，提高免疫力。

消除疲勞 功效 08

疲勞持續不斷時，會增加體內活性氧，免疫力也會下降。高麗菜的維生素C及硫化合物可使疲憊的身體增強活力，維生素U則有助於舒緩胃腸的疲累狀況。

舒緩焦躁 功效 09

高麗菜含有維生素C，可強化分泌腎上腺素及皮質醇的腎上腺功能，對抗壓力，並含有豐富鈣質，可鎮定神經，是舒緩焦慮引起胃腸問題的可靠盟友。

高麗菜的營養烹飪技巧 Q&A

高麗菜是餐桌上經常出現的人氣蔬菜。以下介紹有關高麗菜似乎人人知道但實際上不太清楚的營養價值及烹飪技巧。

Q 切法或保存方式會影響高麗菜的營養價值嗎？

A 不會影響。
若針對維生素C攝取，
建議每日二至三片。

營養價值不會因切法或保存方式而改變，冷凍亦不會影響營養價值，所以亦可分切後冷凍。切絲時，順著纖維紋路切，可享受鮮脆的口感；與纖維紋路垂直的方式切斷纖維切絲，口感偏柔軟且蓬鬆。

高麗菜的每日建議攝取量並無特別規定，不過二至三片的大片菜葉，便可滿足每人每日所需的維生素C。

Q 每天該吃多少份量？

A 高麗菜菜心及外葉都富含營養，
建議使用別丟棄。

菜心及外葉含有豐富的維生素C，不妨拿來烹煮，可炒、可醃漬、或做成天婦羅，依創意可有多種變化。

此外，外葉亦含有豐富的β胡蘿蔔素。與油脂一起攝取，更容易吸收，因此建議利用油烹煮，諸如炒、燜燒、用調味醬混拌等，都是有效的食用方式。

Q 菜心或深綠色的外葉營養很低嗎？

A 生食最理想。
如果採燉煮方式，
建議連湯汁
一起享用。

高麗菜富含的維生素C及維生素U為水溶性，遇水便容易流失，所以直接生食高麗菜，做成配菜或沙拉、蔬菜汁等，是最理想的食用方式。生食不會破壞維生素C，身體可快速有效吸收。此外，鹽漬或德式酸菜也是生食菜餚，十分推薦。

在古羅馬時代，高麗菜被認為是一種最營養的蔬菜，據說當時宣稱宴會前只要食用加了醋的高麗菜料理，就不會喝醉。

高麗菜長時間燉煮、浸煮、做成湯品或濃湯時，建議連湯汁一起享用，可避免溶出的營養成分被白白浪費。

Q 如何烹煮高麗菜，最能有效的攝取營養？

Q：春季高麗菜、夏秋高麗菜及冬季高麗菜，三種營養價值不一樣嗎？分別適合哪些料理？

A：了解高麗菜各季的特徵，可以享受不同的口感。

三者的營養價值一樣，就特徵而言，春季高麗菜水分含量較為豐富多汁，因此適合沙拉等生食或淺漬；夏秋高麗菜的葉片軟嫩、水分多，因此也適合生食、湯品、香烤高麗菜等菜色；冬季高麗菜因葉片間包覆緊實，不易煮爛，所以非常適合燉煮，再加上低溫環境，促使甜味倍增，因此燉煮後，甘甜更勝，且所含水分相對較少，因此也適合炒菜。

Q：為什麼炸豬排的配菜一定會附高麗菜？

A：因為可促進消化。

據說炸豬排配高麗菜原本是老字號西洋餐廳推出的組合，店家的理由是高麗菜一年四季都可取得。不過，炸豬排與高麗菜的組合，其實有其原因道理在。

因為高麗菜中富含的維生素U，具有保護及修復胃黏膜或十二指腸黏膜的作用，可促進炸豬排的消化，減輕胃脹等不適。不只是炸豬排，可樂餅或炸雞等需要較長時間消化的油炸物，都建議搭配生高麗菜或涼拌高麗菜一起食用。此外，高麗菜中富含的膳食纖維可抑制脂肪吸收，所以隨附的高麗菜配餐建議全部吃完。

Q：紫高麗菜及球芽甘藍有什麼樣的成分特徵？有何功效？

A：紫高麗菜具抗氧化作用，球芽甘藍維生素種類豐富。

紫高麗菜的色素為花青素色素，具抗氧化作用，可預防動脈硬化，此外紫高麗菜的維生素C含量比一般高麗菜更豐富。

相較於一般高麗菜，球芽甘藍甜度較高，且碳水化合物較多，因此可提供人體更多能量為其一大特徵。此外，維生素C、胡蘿蔔素、葉酸（可預防貧血及失智症）、維生素K（有關鈣質代謝的維生素）也比高麗菜更豐富，亦富含膳食纖維。

Q：高麗菜切開後可以沖洗或泡水嗎？

A：盡量縮短浸泡的時間。

將高麗菜切開後浸泡於清水中可去澀、防止變色。不光是生食，炒高麗菜時，事先浸泡再烹飪，可維持高麗菜鮮脆又多汁的口感。然而，長時間浸泡在水中，會造成高麗菜中所含水溶性維生素C及維生素U流失，所以建議浸泡後，仔細觀察水中的高麗菜，一旦變得鮮脆就可立刻撈出、瀝乾水分。

高麗菜全利用食譜

再多都吃得下！在此介紹簡單又健康，完整利用高麗菜的全方位食譜。

充分品嘗
香烤高麗菜的完整風味

平底鍋香煎高麗菜

一人份 **235** kcal | 鹽分一人份 **0.9** g

材料（4～6人份）

高麗菜…1顆（約1kg）
培根（塊）…100g
橄欖油…2大匙
帕馬森起司…3～4大匙
鹽、粗黑胡椒粉…各適量

作法

1 切除高麗菜心尾端，切成八等分，培根切成一公分寬的長條狀。

2 平底鍋中倒橄欖油，放入培根翻炒，培根出油後，將一半高麗菜平整地排放鍋中。表面上色後，翻另一面繼續乾煎，如此反覆數次使兩面均勻上色。剩餘的一半以同樣方式乾煎。

3 盛盤，撒上帕馬森起司、鹽、粗黑胡椒粉，再淋橄欖油也一樣美味。

雞腿高麗菜湯

細火慢熬的高麗菜
甘甜溫和

材料（4～6人份）

高麗菜…1顆（約1kg）　　鹽…少許
雞翅腿…10支　　　　　　粗黑胡椒粉…適量
顆粒高湯粉…1大匙
月桂葉…1片

作法

1 切除高麗菜心尾端，切成六等分；翅腿沿
著骨頭側劃一刀。

2 將高麗菜及翅腿一起放入鍋中，倒入略為
可蓋過食材的水量（約6杯），加顆粒高湯
粉及月桂葉，開大火烹煮。水滾後撈除浮
渣，加蓋小火煮約30分鐘，最後以鹽調味。

3 盛盤，撒粗黑胡椒粉，增添香氣。

一人份 156 kcal　鹽分一人份 1.3 g

材料（4～6人份）

高麗菜…1顆（約1kg）　　蛋…1顆
〈肉餡〉　　　　　　　　　鹽、胡椒粉、山椒粉
　牛豬混合絞肉…300g　　　　…各少許
　洋蔥末…約1/2顆　　　　雞湯粉…2小匙
　芝麻油…1大匙　　　　　鹽…1/3小匙
　麵包粉…1/2杯　　　　　黃芥末醬、辣油、醬油
　鮮奶…1/2杯　　　　　　　…各適量

作法

1 製作肉餡。以芝麻油將洋蔥炒熟後放涼，再
與其他材料混拌均勻。

2 切除高麗菜心尾端，整顆從厚度橫切三等
分。將1之一半肉餡分別夾入高麗菜的夾層
中，還原整顆形狀並以棉線綁十字固定。

3 將2放入深鍋中，加8杯水、雞湯粉、鹽，小
火煮40～50分鐘。

4 去除棉線，將絞肉千層分切成易入口的大
小，搭配黃芥末醬、辣油、醬油等沾醬。

高麗菜絞肉千層

高麗菜吸附
飽滿肉汁，
香甜濃郁

一人份 220 kcal　鹽分一人份 1.3 g

高麗菜威力升級食譜

高麗菜對身體的好處極多。以下介紹創意食譜，
令人即使天天吃高麗菜也不會膩。

脆炒高麗菜的甘甜，
令人幸福滿溢！

回鍋肉

〔材料（2人份）〕

高麗菜…1/4顆（約250g）
青椒…1顆
長蔥…1/2根
豬五花肉片…100g
芝麻油…1大匙
〈調味醬料〉
　味噌…1大匙
　砂糖…1/2大匙
　酒…1/2大匙
　醬油…1/2大匙
　豆瓣醬…1/2小匙
　蒜泥…少許
　薑末…1小匙

〔作法〕

把高麗菜切大塊。青椒去籽後，滾刀切大塊。長蔥滾刀
切成適口大小，豬肉也切成適口大小。

2 於平底鍋淋1/2大匙芝麻油，放入高麗菜與青椒拌炒後，
加1/4杯水，水滾後起鍋，瀝乾備用。

3 將調味醬料的材料調勻備用。

將步驟　的平底鍋稍作清潔，倒入剩餘的芝麻油熱鍋，
放入蔥段、薑末爆香，加肉片繼續拌炒。將步驟2 材料
混入鍋中，加調味醬料一起拌炒。

〔一人份 **319**kcal〕 〔鹽分一人份 **2.1** g〕

材料（2人份）

高麗菜…1/4顆（約250g）
法式沙拉醬（市售品）…4大匙
紅彩椒…1/4顆
無骨雞腿肉…150g
鹽、粗黑胡椒粉…各適量
沙拉油…1小匙

作法

1 將高麗菜手撕成適口大小，放入塑膠袋等容器中，加法式沙拉醬，用手拌勻混合，靜置十分鐘。紅彩椒切絲備用。

2 將腿肉切成適口大小，加少許鹽、粗黑胡椒粉。

3 平底鍋加沙拉油熱鍋，放入雞肉拌炒。瀝乾高麗菜的水分，與紅彩椒一同加入持續拌炒。最後以鹽、粗黑胡椒粉調味。

雞肉拌炒高麗菜
調味醬拌高麗菜 酸酸甜甜好滋味

一人份 324 kcal ｜ 鹽分一人份 1.7 g

材料（2人份）

高麗菜…1/4顆（約250g）
豬絞肉…100g
沙拉油…1大匙
蒜蓉…1小匙
薑末…1小匙
咖哩粉…1/2大匙

麵粉…1/2大匙
伍斯特醬…1大匙
番茄醬…1大匙
鹽…1/4小匙
月桂葉…1片
白飯…約2碗

作法

1 將高麗菜切成方形碎片，加少許鹽（額外份量）抓醃，出水後擠出水分。

2 平底鍋中倒油熱鍋，加蒜頭、薑爆香，放入絞肉拌炒。

3 絞肉炒散變色後，加入 1 的高麗菜快速翻炒，撒咖哩粉及麵粉繼續拌炒。

4 加一杯水、伍斯特醬、番茄醬、鹽、月桂葉，燉煮至收汁。

5 於餐盤中盛入白飯及 4，即可上桌。

咖哩清炒高麗菜
高麗菜清甜中帶有令人懷念的溫和滋味

一人份 483 kcal ｜ 鹽分一人份 1.8 g

美乃滋豆瓣醬佐高麗菜沙拉

美乃滋與豆瓣醬混拌出令人上癮的驚喜美味

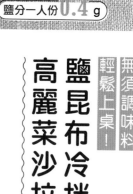

一人份 55 kcal｜鹽分一人份 0.4 g

材料（2人份）

高麗菜…1/8顆
（120～130g）
〈辣醬〉
　美乃滋…1大匙
　豆瓣醬…少許

作法

1 將高麗菜切塊，迅速汆燙後，撈起擠出水分。

2 將辣醬材料調勻。

3 取碗放入1與2，混拌均勻。

鹽昆布冷拌高麗菜沙拉

無須調味料輕鬆上桌！

材料（2人份）

高麗菜…1/8顆
（120～130g）
鹽昆布絲…2小撮
實山椒佃煮…1小匙

作法

1 高麗菜切粗絲。

2 將高麗菜放入塑膠袋中，加入鹽昆布及實山椒佃煮，充分混勻至鹽昆布入味。

一人份 16 kcal｜鹽分一人份 0.2 g

芝麻醬涼拌高麗菜

烤海苔與麻油
香氣迷人的韓式沙拉

（材料（2人份））

高麗菜⋯1/8顆
（120～130g）
白芝麻粉⋯2大匙
芝麻油⋯1/2小匙
烤海苔⋯1/2片

（作法）

1 高麗菜切小塊，放入碗中，加少許
　鹽（額外份量）抓醃，擠出水分。

2 將1放入另一個碗，加入芝麻粉、
　芝麻油，混拌均勻。

3 手撕烤海苔，隨意混入2。

（一人份73kcal）（鹽分一人份0.4g）

柚香鮪魚高麗菜沙拉

令人新奇
橘醋醬油與橄欖油的組合

（材料（2人份））

高麗菜⋯1/8個（120～130g）
鮪魚罐頭⋯1/2小罐
橘醋醬油⋯1大匙
橄欖油⋯1/2小匙

（作法）

1 高麗菜切小塊，放入碗中，
　加少許鹽（額外份量）抓
　醃，擠出水分。

2 將1放入另一個碗中，加入
　撥鬆的鮪魚肉。

3 將橘醋醬油與橄欖油調
　勻，混入2中拌勻。

（一人份43kcal）（鹽分一人份1.3g）

茄醬高麗菜捲

於肉餡中拌入番茄醬
增添雅致的番茄風味

材料（2人份）

高麗菜…8大葉片
〈肉餡〉
　牛豬混合絞肉…300g
　洋蔥…1/2顆
　蛋…1顆
　番茄醬…2大匙
　鹽、胡椒粉…各少許
顆粒高湯粉…1又1/2小匙
奶油…1/2大匙

作法

1　準備一大鍋滾水汆燙高麗菜葉，取出後將較厚的葉梗削薄。

2　製作肉餡。將洋蔥切末，放入碗中，加入絞肉、蛋、番茄醬、鹽、胡椒粉，均勻攪拌至絞肉產生黏性。

3　取兩片高麗菜葉交錯相疊，另取兩片同樣交錯相疊但上下相反地平鋪在上方。取一半 2 的肉餡，於菜葉一端橫向鋪成長條，將兩端葉片向內折，再由下而上捲成長條狀，接合處以牙籤固定。以同樣方式製作另一顆菜捲。

4　平底鍋加1杯水、顆粒高湯粉、奶油後開火，將 3 排於鍋中，蓋鍋煮7～8鐘。上下翻面，再煮7～8分鐘。

5　取出菜捲，切段盛盤，淋上平底鍋中多餘的湯汁。

一人份 505 kcal　鹽分一人份 2.8 g

和風高麗菜捲

融入牛肉鮮味的日式湯頭，值得細細品味！

材料（2人份）

高麗菜…8片

〈肉餡〉
牛絞肉…200g
洋蔥…1/4顆
蛋…1顆
麵包粉…1/2杯
鹽…1/3小匙
胡椒粉…少許

高湯…2杯
薄鹽醬油…1~2大匙
味醂…1大匙
黃芥末醬…少許

作法

1. 準備一大鍋滾水汆燙高麗菜葉，取出後將較厚的葉梗削薄，並將削下的葉梗切碎。

2. 製作肉餡。將洋蔥切末放入碗中，加入絞肉、蛋、麵包粉、鹽、胡椒粉，均勻攪拌至絞肉產生黏性，拌入1切碎的葉梗。

3. 取兩片高麗菜葉上下顛倒地交錯相疊，鋪上2的1/4肉餡，將兩端葉片內折後捲起。以同樣方式，製作另外三捲。

4. 將3之菜捲緊密地並排於鍋中，倒入高湯、薄鹽醬油、味醂，大火煮滾後蓋上鍋中蓋，小火煮約20分鐘。

5. 盛盤，加入黃芥末醬，增添風味。

一人份 400 kcal　鹽分一人份 2.8 g

〔材料（2人份）〕

高麗菜…1/4顆（約250g）　麵粉…1大匙
帶殼蛤蜊…150g　　　　　鮮奶…1杯
白酒…1/4杯　　　　　　　鹽、粗黑胡椒粉
奶油…1大匙　　　　　　　　　…各少許

〔作法〕

1 高麗菜切成2cm方片，蛤蜊吐沙後洗淨。

2 於鍋中加入蛤蜊及白酒，蓋鍋蓋以大火滾2～3分鐘，蛤蜊開口後撈起，將蛤蜊與湯汁分開備用。

3 於2的鍋中加奶油開火，加入高麗菜拌炒直到軟爛，撒麵粉進一步拌勻。

4 加一杯水及2的湯汁稀釋，再倒入蛤蜊，加鮮奶繼續燉煮，並於煮沸前關火。加鹽調味，撒上粗黑胡椒粉。

一人份 170 kcal 　鹽分一人份 1.1 g

高麗菜培根番茄湯

利用番茄汁，方便又簡單！

〔材料（2人份）〕

高麗菜…1/4顆（約250g）
培根…2片
橄欖油…1小匙
顆粒高湯粉…1/2大匙
番茄汁（無添加食鹽）…1杯
鹽、胡椒粉…各少許

〔作法〕

1 高麗菜撕成2～3cm方片，培根切1cm寬度。

2 於鍋中加橄欖油熱鍋炒培根，培根出油後，加高麗菜繼續翻炒。

3 加兩杯水、顆粒高湯粉、番茄汁煮滾，最後以鹽、胡椒粉調味。

一人份 153 kcal 　鹽分一人份 1.9 g

中華雞肉高麗菜湯

想再多一道菜色時的單人獨享杯湯

（材料（2人份）

高麗菜…1/4顆（約250g）
雞胸肉…100g
酒…1/4杯
雞湯粉…1/2大匙
蠔油…1小匙
鹽、胡椒粉…各少許
辣油…少許

（作法）

1 高麗菜切成2cm方片，雞肉也切成略小的適口大小。

2 鍋中放入兩杯水、酒、雞湯粉、雞肉，開火煮滾後去除浮渣，再煮約10分鐘。

3 加高麗菜再次煮滾後，加蠔油、鹽、胡椒粉調味，撒上辣油。

（一人份 140 kcal）（鹽分一人份 1.6 g）

高麗菜味噌蛋花湯

高麗菜絲與蛋花，搭配出絕妙口感

（材料（2人份）

高麗菜…1/8顆
　（120～130g）
高湯…1又1/2杯
味噌…1大匙
蛋液…約1顆

（作法）

1 高麗菜切絲。

2 於鍋中加入高湯溫熱，放入高麗菜煮滾。

3 鍋中煮沸後，加味噌醬調勻融入鍋中，繞圈淋上蛋液，再次煮滾後關火。

（一人份 72 kcal）（鹽分一人份 1.4 g）

高麗菜的實用常備菜

醃漬是長期保存高麗菜的最佳方法。
以下介紹直接食用也好吃的醃漬物、拌菜及其應用。

常備菜①

鹽漬高麗菜

通常鹽漬的正常鹽分是取重量的2～3%，
但在此取1%，以方便製作其他菜餚。
做好後可立即食用，冷藏可保存四至五天。

(材料（方便製作的份量）)

高麗菜…1/2顆
　　　（約500g）
鹽…略少於1小匙
　　（高麗菜重量的1%）

(作法)

1 高麗菜撕成易入口大小，
　裝入保鮮袋中，撒鹽揉
　合，使其入味。

2 裝入保存容器中，冷藏保
　存。

總熱量 115 kcal　總鹽分 5.0 g

應用

高麗菜大豆番茄沙拉

搭配大豆與番茄，健康瞬間滿點！

(材料（2人份）)

鹽漬高麗菜…150g
水煮大豆（罐頭）…50g
番茄…1顆
法式沙拉醬（市售品）…1大匙

(作法)

1 鹽漬高麗菜擠出菜汁，水煮大
　豆瀝去湯汁，番茄切丁。

2 於碗中將1的材料混勻，並以
　法式沙拉醬拌合調味。

一人份 97 kcal　鹽分一人份 1.1 g

應用

高麗菜濃縮後的鮮味

緊緊抓住你的味蕾

高麗菜雜炒

一人份 263 kcal ｜ 鹽分一人份 1.7 g

材料（2人份）

鹽漬高麗菜…200g
豬肉碎片…50g
豆芽菜…100g
韭菜…1/4束
板豆腐…1塊

沙拉油…1大匙
鹽、胡椒粉、醬油
　…各適量
柴魚片…適量

作法

1 鹽漬高麗菜擠出菜汁，豆芽菜去根，韭菜切成三公分寬度。豆腐確實瀝乾水分，對半縱剖，再橫向切成一公分寬度。

2 於平底鍋加1/2大匙沙拉油熱鍋，加入豆腐煎至兩面金黃後，取出備用。

3 於2的平底鍋加入剩餘的沙拉油熱鍋炒豚肉片，肉片熟後加入鹽漬高麗菜、豆芽菜、韭菜拌炒。

4 將豆腐倒回3中，以鹽、胡椒粉調味，醬油從鍋邊淋入混勻。盛盤後撒上柴魚片。

應用

令人食指大動的下飯菜餚！

高麗菜咖哩肉燥

材料（2人份）

鹽漬高麗菜…200g
豬絞肉…100g
橄欖油…1大匙
咖哩粉…1/2小匙
鹽、胡椒…各少許

作法

1 鹽漬高麗菜擠出菜汁。

2 於平底鍋倒入橄欖油熱鍋，加入絞肉確實拌炒，再加入1翻炒。最後以咖哩粉、鹽、胡椒粉調味。

一人份 168 kcal ｜ 鹽分一人份 1.0 g

德式酸菜

德式酸菜是德國最具代表性的保存食品。以鹽醃漬高麗菜後使其發酵,略帶酸味為其最大特色。醃漬兩天後便可食用,冷藏可保存四至五天。

材料（方便製作的份量）

高麗菜…1顆（約1kg）
〈醃漬醬汁〉
　水…1杯
　月桂葉…1片
　紅辣椒圈…約1根
　鹽…4小匙
　粗黑胡椒粉
　　…1/2小匙
　葛縷子…1/2小匙

作法

1 高麗菜切成適口大小。

2 將醃漬醬汁的材料全數放進保鮮袋中調勻。

3 將1加入2中,用手揉捏使醬汁稍微入味,倒入保存容器中,壓重物放置一晚。

4 當3壓出的水分超過高麗菜表面時,倒掉水分,鋪上保鮮膜,壓上輕一點的重物,在20～25°C下醃製兩天。

總熱量 241 kcal ｜ 總鹽分 20.0 g

應用

香腸酸菜湯

享受高麗菜最純真美味的蔬菜湯

材料（2人份）

德式酸菜…150g
香腸…4條
顆粒高湯粉…1小匙
鹽、胡椒粉……各少許

作法

1 德式酸菜稍微擠出水分,於香腸上縱向劃一刀。

2 將1放入鍋中,加1又1/2杯水、顆粒高湯粉,開火煮沸後,關小火稍微燉煮。味道如果太淡,可加鹽、胡椒粉調味。

一人份 151 kcal ｜ 鹽分一人份 3.1 g

德式酸菜佐蘋果沙拉

蘋果的清甜與多汁，與德式酸菜堪稱絕配

（材料（2人份））

德式酸菜…150g
蘋果…1/2顆

（作法）

1 德式酸菜稍微擠出
水分，蘋果洗淨後擦
乾，連皮切成細絲。

2 將德式酸菜與蘋果
混拌。

應用

一人份 50 kcal　鹽分一人份 1.5 g

德式酸菜涼拌沙丁魚

只需與油漬沙丁魚混拌。就是一道上選的下酒菜！

應用

（材料（2人份））

德式酸菜…150g
油漬沙丁魚（罐頭）…2罐

（作法）

1 德式酸菜稍微擠出水分，油漬沙丁魚
粗略剝成小塊。

2 將德式酸菜與油漬沙丁魚混拌，放在
餅乾或大蒜麵包上，做成開胃小菜也
十分美味。

一人份 29 kcal　鹽分一人份 1.5 g

美式高麗菜沙拉

高麗菜的代表菜色之一，略帶酸味，
又能品嘗高麗菜的甘甜。混拌三十分鐘後
即可食用，冷藏可保存四至五天。

材料（方便製作的份量）

高麗菜…1/5顆（約200g）
胡蘿蔔…30g
巴西利…適量
〈調味醬〉
　葡萄酒醋或白醋
　　…1又1/3大匙
　鹽…3/4小匙
　沙拉油…4大匙
　砂糖…1小匙
　胡椒粉…少許
　顆粒芥末醬…2/3小匙

作法

1 高麗菜切絲，胡蘿蔔
與巴西利切碎。

2 於保鮮袋中加入調味
醬的材料與1揉合。

3 裝入保存容器中，冷
藏保存。

總熱量 **524** kcal　總鹽分 **4.6** g

美味關鍵在於煎出
培根的焦香

培根高麗菜沙拉三明治

應用

材料（2人份）

美式高麗菜沙拉…150g
培根…4片
薄片吐司…4片
奶油…1大匙

作法

1 將培根排放於平底鍋，不加油，直接乾煎。

2 吐司片稍微烘烤，兩片一組，單面均勻抹上奶
油，夾入培根與高麗菜沙拉做成三明治，切成
容易入口的大小。

一人份 **439** kcal　鹽分一人份 **2.6** g

馬鈴薯拌美式高麗菜沙拉

只需將鬆軟的馬鈴薯與高麗菜沙拉混拌即刻完成

（材料（2人份））

美式高麗菜沙拉
…150g
馬鈴薯…2顆
鹽、胡椒粉…各少許

（作法）

1 馬鈴薯削皮，切成適口大小後水煮，煮至竹籤可輕鬆穿透，即可撈起瀝乾水分，撒鹽及胡椒粉。

2 於碗中將1與高麗菜沙拉混拌均勻。

一人份229kcal　鹽分一人份1.1g

應用

應用

通心粉佐美式高麗菜沙拉

濃濃美乃滋香的國民料理！

（材料（2人份））

美式高麗菜沙拉…150g
通心粉…80g
美乃滋…1～3大匙

（作法）

1 準備一大鍋加適量鹽（額外份量）的滾水煮通心粉，煮熟後撈起瀝乾水分。

2 於碗中放入1、高麗菜沙拉及美乃滋，混拌均勻。

一人份318kcal　鹽分一人份1.6g

分切冷凍高麗菜好實用！

如果無法馬上吃完整顆高麗菜，這時不妨直接分切冷凍保存。需要高麗菜時，從冷凍庫取出所需份量即可，相當方便。

冷凍高麗菜絲

將高麗菜切絲，放入冷凍保鮮袋，盡量鋪平後再放入冷凍庫。可做沙拉、什錦燒，或用來煮湯也十分推薦。

冷凍高麗菜切片

將高麗菜切成適口大小，放入冷凍保鮮袋，盡量鋪平後再放入冷凍庫。可用於浸煮、炒菜，亦可加入拉麵及日式炒麵等當配菜使用，十分便利。

用冷凍高麗菜絲

高麗菜清湯

清湯中的翠綠色彩，帶來一場視覺饗宴！

材料（2人份）

冷凍高麗菜絲…150g
顆粒高湯粉…1/2大匙
鹽…少許
粗黑胡椒粉…適量

作法

1 於鍋中放入1又1/2杯水與顆粒高湯粉後開火，加入冷凍高麗菜絲，快速加熱烹煮。

2 加入鹽、粗黑胡椒粉調味。

一人份 24kcal　鹽分一人份 1.5g

用冷凍高麗菜切片

油豆腐皮浸煮高麗菜

吸滿濃濃豆皮湯汁的高麗菜鮮美多汁

材料（2人份）

冷凍高麗菜切片…200g
油豆腐皮…1片
高湯…3/4杯
薄鹽醬油…1/2大匙
味醂…1/2大匙

作法

1 油豆腐皮快速用滾水汆燙後，撈起瀝乾水分，切成短條薄片。

2 於鍋中倒入高湯、薄鹽醬油、味醂，開火煮滾後，放入油豆腐皮再稍微煮滾。

3 將冷凍高麗菜直接加入2中，浸煮五至十分鐘。

4 盛盤，可依喜好撒七味辣椒粉（額外份量）。

一人份 87kcal　鹽分一人份 0.8g

番茄

番茄是超級健康蔬菜，可以保護人體
免受導致衰老及各種疾病禍根的活性氧侵害。
紅色番茄紅素的功效，讓身體由內而外充滿活力！

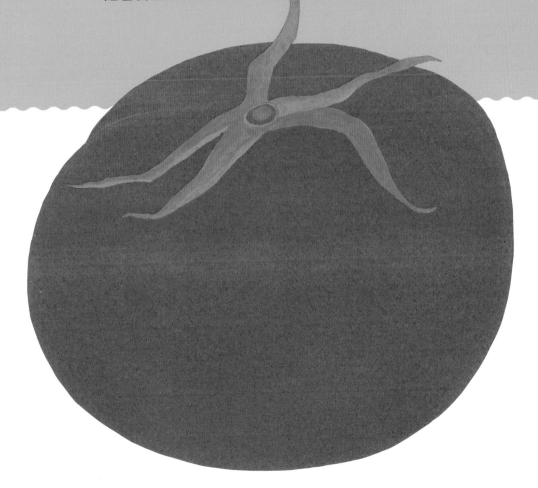

對抗老化，
就靠大紅番茄的
番茄紅素威力！

番

茄是原產於安地斯高原地帶的茄科植物。於墨西哥開始種植，並在地理大發現的十六世紀傳入歐洲，然後逐漸傳播至日本、美國。最初，所有國家都認為番茄是有毒植物，因此主要作為觀賞用途，十八世紀以後才漸漸為人所食用。

日本自明治以後開始種植美國改良品種的食用番茄，但顏色及風味都讓人敬而遠之，所以比起生食，民眾多以番茄醬及伍斯特醬等加工品食用，直到戰後才漸漸如今日成為大眾廣泛接受的蔬菜。

番茄紅素保護身體
免受活性氧危害

如同歐洲諺語「番茄紅了，醫生的臉就綠了」，番茄已被證明擁有非常良好的健康功效，可保護人

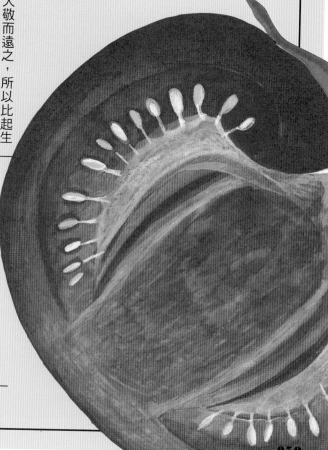

體，避免疾病及老化危害。

尤其，最近備受矚目的番茄紅色色素成分「番茄紅素」，屬於一種紅色或黃色脂溶性的色素成分「類胡蘿蔔素」，常見於蔬菜、蝦蟹等。脂溶性的特徵是可在富含脂肪的細胞膜消除活性氧。

現代人生活受壓力及環境汙染

等影響，體內容易產生過多的活性氧。番茄紅素的作用強大，可使不穩定且具有強氧化性的活性氧維持在穩定狀態，使其變得無毒無害。

據說番茄紅素的去活性氧能力為β胡蘿蔔素的兩倍以上，甚至超過維生素E一百倍。實際上，現已逐漸證實番茄紅素可有效抑制活性氧形成的斑點、皺紋、癌症、動脈硬化及大腦功能老化。

富含每日活力所需的維生素及礦物質

番茄不僅含有番茄紅素，亦含有均衡的β胡蘿蔔素、維生素B群、維生素C、維生素E等維生素，以及鉀、鎂、鈣等礦物質。

維生素C養顏美容，可保持血管、黏膜及骨骼健康。另一方面，礦物質類有助於中和胃酸，淨化已

氧化的血液，排出體內過多鹽分，因此亦可預防高血壓。

此外，番茄還具有強烈的鮮味成分，稱為麩胺酸，這就是番茄煮或烤都美味的秘密。麩胺酸為一種神經傳導物質，亦具有提高智能、消除疲勞等作用，因此亦有助於維持健康。

誠如以上的分析與說明，番茄是一種非常可靠的全方位蔬菜，可保護身體，避免受導致衰老、易引發各種疾病禍根的活性氧侵害，由內到外幫助身體維持健康。就讓我們盡情享用番茄食材所帶來的美味，同時打造百病不侵又充滿活力的健康體魄。

日夜侵蝕身體的活性氧

COLUMN

透過呼吸進入人體的氧氣，在製造能量的過程當中，會產生一種劇毒物質，稱為「活性氧」。活性氧極不穩定，且氧化性強，會攻擊細胞及DNA，造成大範圍的破壞。生活中有許多因素都可能促使活性氧生成，包括紫外線、壓力、抽菸、廢氣、激烈運動等，從而引發衰老、動脈硬化、癌症等症狀。

番茄的番茄紅素具有強大的抗氧化作用，有望去除活性氧的毒性，幫助身體遠離老化和疾病。

番茄 11 種功效

接下來，介紹番茄中包含番茄紅素在內，保護身體免受疾病和衰老的有效成分。

功效 03 番茄紅素 強大的抗氧化作用

番茄的番茄紅素可防止由活性氧引發的各種疾病。據說，番茄紅素可刺激在免疫功能中擔任核心作用的細胞活動，尤其對前立腺癌、大腸癌、肝癌的預防效果備受關注。

功效 04 番茄紅素 有益於降膽固醇、血糖值及血壓

番茄紅素可防止體內胰島素功效變差，維持其降低血糖的作用，並改善高血壓，還可抑制壞膽固醇氧化，預防動脈硬化。

功效 05 番茄紅素 健腦作用

可預防衰老導致的智力降低，尤其與菠菜或玉米中富含的葉黃素一起食用，可增強抑制腦神經細胞的氧化。此外，亦有研究正在探討番茄紅素對帕金森氏症發病的抑制作用。

功效 01 番茄紅素 燃燒脂肪

番茄的番茄紅素可抑制脂肪細胞儲存脂肪成長，因此一般被認為有助於維持不易胖的體質。此外，番茄紅素可抑制血糖快速上升，因此亦可防止葡萄糖累積體內。

功效 02 番茄紅素 預防肌膚老化

番茄的番茄紅素可抑制形成斑點的黑色素形成，預防紫外線引起的肌膚老化，還具有增加膠原蛋白的作用，再加上食用番茄亦可攝取到維生素E，因此效果加倍！

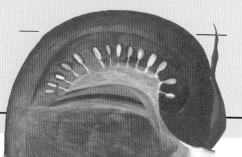

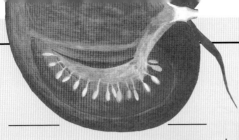

功效 06

消除便祕，整腸作用，預防生活習慣病

水溶性膳食纖維的果膠可促進腸道蠕動，幫助排便順暢，還可使食物緩慢地從胃移動至小腸，如此可減緩小腸吸收葡萄糖的速度，防止飯後血糖快速上升，並抑制膽固醇吸收。

功效 09

刺激胃腸活動，抑制血糖上升

番茄中所含檸檬酸可燃燒排出疲勞物質的乳酸，因此可有效消除疲勞，亦可促進胃腸作用。此外，可防止酵素將澱粉分解成葡萄糖的作用，抑制飯後血糖快速上升。

功效 07

生成膠原蛋白，增強免疫力

維生素C可抑制形成斑點的黑色素增長，促進膠原蛋白生成，並可維持血管、黏膜及骨骼健康，提高免疫力，舒緩壓力，促進鐵質吸收。

功效 10

強健血管，降低血壓

因蕎麥含量豐富而廣為人知的芸香苷，是一種亦稱維生素P的維生素類似物，可促進維生素C吸收，幫助其作用，強健微血管，促進血液循環，亦可降低血壓。

功效 08

提高智能，消除疲勞

麩胺酸與天門冬胺酸等兩種胺基酸，皆可作為神經傳導物質，提高智能，亦可作為能量來源消除疲勞。番茄隨著成熟而變紅，麩胺酸含量也會隨之增加。

功效 11

中和胃酸，預防高血壓

番茄含有均衡的鉀、鎂、鈣等礦物質，有助於中和胃酸。鉀可排出體內多餘的鹽分，因而亦可預防高血壓。

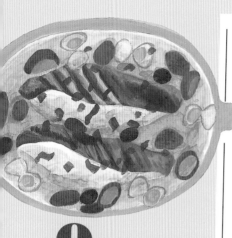

番茄的營養烹飪技巧 Q&A

番茄種類豐富，多以生食為主。只要了解其營養烹飪技巧，便可有效攝取營養。

Q 如何烹煮番茄，最能有效攝取營養？每天該吃多少份量？

A 若考慮維生素C，建議生食，但綜合而論，建議煮熟食用，每日以二分之一至一顆為宜。

番茄中所含維生素C及鉀不耐熱，因此生食較不容易損失。番茄紅素（紅色色素）耐熱且為脂溶性，因此利用炒、炸等用油的烹飪方式，或切碎、壓碎後燉煮，即可有效攝取。加熱不會造成膳食纖維損失，因此生食、熟食營養成分都一樣，加熱後營養吸收更佳。

黃綠色蔬菜的每日建議攝取量為120g以上，因此一顆中型番茄約可滿足。然而，其他黃綠色蔬菜亦富含適宜人體攝取的營養素，因此不建議僅食用番茄來替代所有黃綠色蔬菜，建議番茄一日以二分之一顆至一顆為宜。

Q 聽說番茄鮮味成分中的麩胺酸，搭配肉類或魚類會增加甘味是真的嗎？有何功效？

A 是的。麩胺酸確實會增加甘味，所以讓我們多加利用番茄入菜吧！

Q 水果番茄、小番茄也有營養嗎？

A 兩者都有豐富的鮮味，且營養價值高。

小番茄的營養價值比普通番茄稍微高一些，水果番茄目前尚無食品成分表資料，但因甜度高，所以一般認為其熱量及碳水化合物含量都比番茄及小番茄更高。番茄紅素含量與紅色程度成正比，因此普遍認為紅色愈深，番茄紅素含量便愈豐富。

Q 番茄乾，營養不變嗎？做成番茄醬、果醬、

A 雖然會減少部分營養素，但不影響番茄紅素。

水溶性的維生素C及鉀會減少，但番茄紅素、胡蘿蔔素、膳食纖維不會流失。番茄經加熱烹飪後，可促進營養成分的吸收，所以也適合做成醬汁或果醬等加工品。

Q 超市有好多番茄種類，個別適合什麼樣的料理？

A 日本品種的番茄基本上適合生食。熟成番茄的營養價值較高，建議整顆食用。

日本超市常見適合生食的番茄主要有「桃太郎」、「第一番茄」等品種。「桃太郎」甜味大於酸味，完全成熟時最可口。「第一番茄」的特徵則是酸甜均衡。兩者都是適合生食的品種，不過利用其酸甜來替代調味料，或炒或煮也是不錯的主意。加熱用番茄，最具代表的品種則是「聖馬札諾」，不但酸甜均衡，還富含濃郁鮮味是其最大特點，時常被做成番茄醬汁。

除了番茄品種，就營養層面來看，都建議挑選大紅的熟成品，因為維生素C、番茄紅素、胡蘿蔔素、膳食纖維等都是完全成熟時營養及含量最豐富。此外，含種子的果膠部分富含鮮味成分麩胺酸，因此建議盡可能不去籽，整顆食用。

Q 番茄該如何挑選及保存？冷凍會改變其營養價值嗎？

A 建議挑選飽滿且手拿有沉重感的番茄。冷凍不會影響營養價值。

挑選番茄時，建議選蒂頭或花萼深綠色且有活力地向外伸展，果實顏色均勻、沉重厚實者，並盡量避免外型凹凸不平或有損傷的番茄。

保存時，建議裝入保鮮袋中存放冷藏蔬菜室，或可切碎、搗碎、整顆放入冷凍保鮮袋冷凍。冷凍番茄盡量在兩週內用完。營養價值不會因冷凍而改變。

Q 番茄罐頭、番茄泥等市售加工品對身體也有益嗎？

A 加工品也很優秀，與新鮮番茄同樣是可積極攝取的食品。

番茄汁方便飲用，最適合補充番茄紅素，不妨亦將之應用在燉飯或燉煮等菜餚。番茄泥及番茄糊是去除番茄水分的濃縮物，特徵是營養價值高，維生素B6也是加工品含量更為豐富。然而，在加工階段會流失維生素C，因此若希望攝取維生素C，推薦新鮮番茄。

番茄全利用食譜

要全面攝取番茄營養，最好的辦法便是連皮帶籽一起食用，
因此底下介紹多種食譜應用，讓我們完整利用整顆番茄，
完美品嘗番茄煮熟後的濃郁美味。

微波蒸煮番茄

只需整顆用微波爐加熱即可！

材料（2人份）

番茄…大型4顆
奶油…1大匙
醬油…適量

作法

1 挖去番茄蒂頭，並於蒂頭相反側的尾端用刀淺劃十字。

2 將番茄蒂頭朝下放在耐熱盤上，蓋上保鮮膜，以微波爐加熱三至四分鐘後取出，將番茄上下翻面，再次蓋上保鮮膜，加熱三分鐘。

3 盛盤，鋪上奶油，淋醬油。

一人份 123 kcal　鹽分一人份 0.5 g

番茄

和風冰鎮番茄

吸附飽滿的高湯，
溫和潤喉的好滋味，

〔 材料（2人份）〕

番茄…大型4顆
〈浸泡醬汁〉
　高湯…1又1/2杯
　味醂…1大匙
　薄鹽醬油…1小匙
　鹽…少許
蘿蔔嬰…1/4盒

〔 作法 〕

1 準備一鍋滾水，番茄去蒂，
　於蒂頭相反側的尾端用刀
　劃十字，一顆顆輕放滾水中，番茄皮裂開即
　可取出，放入冷水中用手剝皮。四顆以同樣
　方式去皮。

2 取鍋，將浸泡醬汁的材料全數放入後開火，
　煮滾即可關火。

3 趁熱將番茄放入浸泡醬汁中浸泡，放涼即
　可冰冷藏冰鎮。

4 盛盤，以切成適當大小的蘿蔔嬰裝飾。

〔 一人份 92 kcal 〕 〔 鹽分一人份 1.1 g 〕

紙包番茄

保留番茄原本的營養及美味。關鍵在於
濃郁的培根焦香，讓整體口感昇華

〔 材料（2人份）〕

番茄…大型4顆　　　蒜頭…1/2瓣
培根…2片　　　　　鹽…1/4小匙

〔 作法 〕

1 挖去番茄蒂頭，並於蒂頭相反側的
　尾端用刀深切出切口。培根切丁，
　蒜頭切碎。

2 用兩層鋁箔紙，表面塗抹少許橄欖
　油（額外份量），包入一顆番茄，並
　將培根及蒜末塞入切口，撒鹽。四
　顆以同樣方式處理。

3 鋁箔紙封口，放入預熱至250℃的
　烤箱中烤10～15分鐘。

〔 一人份 159 kcal 〕 〔 鹽分一人份 1.1 g 〕

香烤小番茄

香草麵包粉

加熱後的小番茄
酸酸甜甜，鮮嫩多汁！

〈材料（4人份）〉

小番茄…2盒
〈橄欖油香草麵包粉〉
　橄欖油…5大匙
　巴西利、羅勒、迷迭香、奧勒岡
　　（皆用乾燥物）…合計4大匙
　蒜泥…1小匙
　麵包粉…1/2杯
　鹽…1/2小匙
　粗黑胡椒粉…少許
橄欖油…1大匙

〈作法〉

1 小番茄去蒂。將橄欖油香草麵包粉的材料充分混勻。

2 將小番茄排放於耐熱盤上，均勻淋上橄欖油，以預熱至220℃的烤箱烤7～8分鐘。

3 將2取出，拌入橄欖油香草麵包粉，烤箱溫度調至200℃，進一步烤約5分鐘，直至表面烤出金黃色。

一人份 338kcal　鹽分一人份 1.2g

巴薩米克醋漬小番茄

令人忍不住一口接一口

焦糖般的濃郁滋味

一人份 67 kcal ‧ 鹽分一人份 0.0 g

材料（2人份）

小番茄…1盒　　巴薩米克醋…2大匙
砂糖…2大匙　　薄荷葉…適量

作法

1 小番茄去蒂，用刀輕劃切口。

2 準備一大鍋滾水，放入小番茄微燙後撈起，泡冷水剝皮。

3 小番茄瀝乾水分，放入碗中，加砂糖拌勻，繞圈淋上巴薩米克醋，靜置至少三十分鐘。

4 盛盤，撒薄荷葉裝飾。

小番茄味噌湯

將小番茄充分拌炒，

增添甘甜、濃厚與香醇風味

一人份 61 kcal ‧ 鹽分一人份 1.5 g

材料（2人份）

小番茄…10顆　　高湯…1又1/2杯
毛豆…適量　　　紅味噌
沙拉油…少許　　…1大匙滿匙

作法

1 小番茄去蒂。毛豆水煮後去殼。

2 於鍋中倒沙拉油，加入小番茄持續翻炒直到表面焦黃。

3 於2中倒入高湯煮滾，溶入紅味噌，撒上毛豆。

一人份 73 kcal ‧ 鹽分一人份 0.4 g

小番茄拌芝麻

番茄的酸味，

搭配芝麻好對味

材料（2人份）

小番茄…150g
〈芝麻粉醬〉
　黑芝麻粉…2大匙
　醬油…1小匙
　砂糖…少許

作法

1 小番茄去蒂，對半縱剖。

2 將芝麻粉醬的材料調勻，加入小番茄拌勻。

番茄威力升級食譜

營養滿點的番茄,只用來做沙拉太可惜!
煮、烤、炒、拌⋯⋯可以有多種變化。
何不擴充你的食譜資料庫,每天來一點番茄也不厭倦。

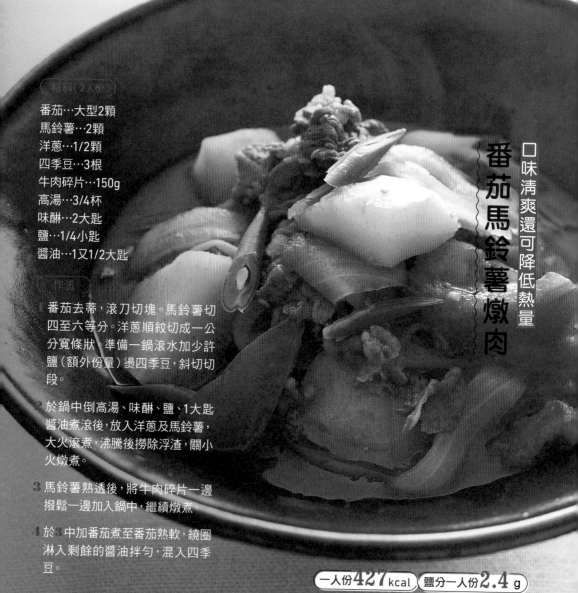

材料(2人份)

番茄⋯大型2顆
馬鈴薯⋯2顆
洋蔥⋯1/2顆
四季豆⋯3根
牛肉碎片⋯150g
高湯⋯3/4杯
味醂⋯2大匙
鹽⋯1/4小匙
醬油⋯1又1/2大匙

作法

1 番茄去蒂,滾刀切塊。馬鈴薯切
四至六等分。洋蔥順紋切成一公
分寬條狀。準備一鍋滾水加少許
鹽(額外份量)燙四季豆,斜切切
段。

2 於鍋中倒高湯、味醂、鹽、1大匙
醬油煮滾後,放入洋蔥及馬鈴薯,
大火滾煮,沸騰後撈除浮渣,關小
火燉煮。

3 馬鈴薯熟透後,將牛肉碎片一邊
撥鬆一邊加入鍋中,繼續燉煮。

4 於3中加番茄煮至番茄熟軟,繞圈
淋入剩餘的醬油拌勻,混入四季
豆。

口味清爽還可降低熱量

番茄馬鈴薯燉肉

一人份**427**kcal　鹽分一人份**2.4**g

材料（2人份）

水果番茄…3顆
無骨雞腿肉…1片
莫札瑞拉起司
　…1/2個（約50g）

沙拉油…1小匙
羅勒葉…2～3片
鹽…1/4小匙
粗黑胡椒粉…適量

作法

1 水果番茄去蒂，切四等分，雞肉切成略大的適口大小，莫札瑞拉起司用手剝成適中大小。

2 平底鍋加沙拉油熱鍋，雞肉皮朝下下鍋，用中火煎，翻面煎至兩面金黃。

3 再次將雞肉翻面使皮朝下，加番茄、莫札瑞拉起司，並用手捏碎羅勒葉撒入，撒少許鹽、粗黑胡椒粉，蓋鍋以小火熬煮7～8分鐘。

4 連湯汁一起盛盤，撒適量粗黑胡椒粉。

拌入融化的莫札瑞拉起司

番茄起司燉雞肉

一人份 **302** kcal ｜ 鹽分一人份 **1.0** g

又麻又辣超下飯！

麻婆番茄肉燥

一人份 **264** kcal ｜ 鹽分一人份 **3.0** g

材料（2人份）

番茄…大型2顆
豬絞肉…150g
薑…1/2節
蒜頭…1/2瓣
長蔥…1/4根
韭菜…1/8束
〈調味醬料〉
　水…1/8杯
　雞湯粉…1/4小匙
　豆瓣醬…2小匙
　甜麵醬…2小匙
　酒…2小匙
　醬油…1大匙滿匙
沙拉油…少許
太白粉水…1/2大匙
芝麻油…1小匙

作法

1 番茄去蒂切成瓣片，薑、蒜頭、長蔥、韭菜切碎。

2 將調味醬料的材料充分混勻備用。

3 平底鍋加沙拉油熱鍋，將絞肉炒至鬆散變色。加入蔥、薑、蒜碎末，翻炒出香氣後，加番茄快速拌炒。

4 將 **2** 加入 **3** 中煮約三分鐘，繞圈淋太白粉水勾芡。

5 加韭菜快速拌煮，繞圈淋上芝麻油，可依喜好撒山椒粉（額外份量）。

廣式茄汁羹炒麵

酥脆的炒麵麵餅，搭配番茄羹滑順口感的絕妙組合

材料（2人份）

番茄…2顆
長蔥…1/2根
牛後腿肉片…100g
〈調味醬料〉
　雞湯粉…1/2小匙
　水…1杯
　蠔油…2小匙
　醬油…1小匙
　砂糖…1/2小匙

鹽…1/4小匙
胡椒粉…少許
沙拉油…1/2大匙
太白粉水…1又1/2大匙
芝麻油…1小匙
炒麵麵餅（市售品）
　…2人份
萬能蔥蔥花…少許
（譯注：萬能蔥為日本特有的蔥品種）

作法

1 番茄去蒂切成瓣片，長蔥斜切成薄片，牛肉切絲備用。

2 將調味醬料的材料調勻備用。

3 平底鍋加沙拉油熱鍋炒蔥花，熟軟後加牛肉繼續拌炒，加番茄翻炒。

4 將2加入3中煮一、兩分鐘，繞圈淋太白粉水勾芡，加芝麻油提香。

5 將炒麵麵餅盛盤，澆上4的餡料，撒蔥花。

一人份 510 kcal　鹽分一人份 2.5 g

亞洲風味番茄湯

關鍵在於番茄別久煮，快速汆燙以維持其鮮嫩口感

一人份 126 kcal　鹽分一人份 2.9 g

材料（2人份）

番茄…1顆
冬粉（乾燥）…10g
豬絞肉…60g
芝麻油…1小匙

雞湯粉…2小匙
魚露…2小匙
鹽、胡椒粉…各少許
香菜…適量

作法

1 番茄去蒂切丁。冬粉快速用滾水燙開，瀝乾水分後切成易入口的長度。

2 於鍋中加芝麻油熱鍋，炒絞肉，加兩杯水、雞湯粉煮滾後，加入冬粉及番茄快煮一下。

3 以魚露、鹽、胡椒粉調味，香菜切碎後撒上。

品嘗番茄的原汁原味

乾煎番茄厚片

一人份 **97**kcal ｜ 鹽分一人份 **0.5**g

材料（2人份）

番茄…大型2顆　　　橄欖油…1大匙
蒜頭…1瓣　　　　　粗鹽、粗黑胡椒粉…各適量

作法

1 番茄去蒂，橫向切半，蒜頭拍碎。

2 平底鍋加橄欖油及蒜頭，以小火炒香蒜頭後，將番茄厚片平整放入鍋中，撒適量的粗鹽及粗黑胡椒粉乾煎。

3 番茄皮變軟即可翻面，小火慢煎至兩面金黃。

4 盛盤，可依喜好再撒一些粗鹽及粗黑胡椒粉。

材料（2人份）

番茄…大型1顆
〈味噌麻醬〉
　西京味噌
　　…1又1/2大匙
　白芝麻醬
　　…1又1/2大匙
　酒…1/2大匙
　蛋黃…約1顆
沙拉油…少許

作法

1 番茄去蒂，橫切成一公分厚的圓形切片。

2 將味噌麻醬的材料調勻備用。

3 小烤箱的烤盤上鋪鋁箔紙，塗一層薄薄的沙拉油。將拭乾水分的番茄厚片排放烤盤上，塗上厚厚一層味噌麻醬，以小烤箱烤約五分鐘使其焦黃。

味噌佐芝麻醬及蛋黃

調出香醇濃厚的韻味

番茄田樂燒

一人份 **171**kcal ｜ 鹽分一人份 **0.9**g

水果番茄的香甜與稍微

偏甜的調味醬最對味 ◎

水果番茄拌沙拉

一人份 **425**kcal ｜ 鹽分一人份 **2.0**g

材料（2人份）

水果番茄…10～12顆
洋蔥…1顆
奧勒岡末…1大匙
〈調味醬〉
　橄欖油…1/2杯
　醋…3大匙
　砂糖…2大匙
　鹽…1小匙
　粗黑胡椒粉…少許
　美乃滋…1小匙

作法

1 水果番茄去蒂。

2 洋蔥切丁，與奧勒岡末一起放入碗中。

3 將調味醬的材料調勻，加入2中混拌均勻。

4 將番茄盛放於淺盤上，鋪上3後冷藏，使其入味。

番茄的實用常備菜

將番茄做成醬料及果醬，便於保存，且可應用在各種菜色上，
為了更方便使用，關鍵在於單純的調味。

常備菜

番茄醬

淡雅清爽的味道。冷藏保存約三至四天，
如希望放久一點，請冷凍保存。

總熱量 **677** kcal　總鹽分 **4.0** g

材料（4杯份量）

番茄…1kg　　　　橄欖油…4大匙
洋蔥…1/2顆　　　鹽…2/3小匙
蒜頭…1瓣　　　　胡椒粉…少許

作法

1 番茄去蒂，於蒂頭相反側的尾端用刀劃十
字，放入滾水中，皮裂開即可取出，放入冷水
中把皮剝除。對半切後，將果肉切小塊。

2 洋蔥與蒜頭切碎。

3 於鍋中倒橄欖油，加入洋蔥、蒜頭，以小火拌
炒至洋蔥熟軟。

4 於3加入番茄，撒鹽、胡椒粉，以中火煮7～8
分鐘。

材料（2人份）

番茄醬…1又1/2杯
茄子…4根
橄欖油…1大匙
鹽、胡椒粉…各少許
披薩專用乳酪…40g

作法

1 茄子去蒂，切成5mm～1cm
厚度的圓形切片。

2 平底鍋倒橄欖油熱鍋，放入茄子，撒鹽、胡椒粉拌炒
至茄子熟軟，盛盤至耐熱容器中。

3 將番茄醬平鋪在2上，撒上披薩專用乳酪，用小烤箱
烤6～7分鐘，烤至表面金黃。

茄汁焗烤茄子

橄欖油炒茄子佐番茄醬的完美組合

應用

一人份 **289** kcal　鹽分一人份 **1.4** g

番茄鮪魚義大利麵

亦可改用螃蟹或帆立貝罐頭

最大魅力是想吃時可以快速上桌！

應用

一人份 **503** kcal ／ 鹽分一人份 **2.1** g

材料（2人份）

番茄醬…1又1/2杯　　橄欖油…1大匙
義大利麵條…150g　　鹽、胡椒粉…各少許
鮪魚罐頭…80g
蒜頭…1瓣
鯷魚…2尾

作法

1 準備一鍋加了適量鹽分（額外份量）的滾水煮麵條。

2 鮪魚罐頭稍微過濾湯汁，蒜頭及鯷魚分別切碎。

3 於平底鍋加橄欖油、蒜頭、鯷魚拌炒出香氣後，加鮪魚繼續翻炒，加番茄醬稍微烹煮，以鹽、胡椒粉調味。

4 前述1的麵條煮熟後，撈起瀝去水分，加入3快速混拌。

應用

番茄海鮮香料飯

茄汁風味調和出清雅柔和的口感。做成蛋包飯同樣美味可口

總熱量 **1443** kcal ／ 總鹽分 **4.1** g

材料（方便製作的份量）

番茄醬…1杯　　　　　顆粒高湯粉…1小匙
米…2米杯　　　　　　巴西利末…少許
冷凍綜合海鮮…150g
白酒…1/4杯
橄欖油…1大匙

作法

1 將米洗淨，以濾網瀝乾水分備用。冷凍的綜合海鮮不解凍，直接與白酒一起放入鍋中悶燒，瀝去湯汁備用。

2 平底鍋倒橄欖油熱鍋，將米炒至半透明後，加入番茄醬，快速拌煮一下。

3 將2倒入電子鍋中，將水加至2米杯的刻度，加顆粒高湯粉，稍微拌勻，依一般程序煮飯。

4 飯蒸熟後，加入1的綜合海鮮大致攪拌，盛盤，撒上巴西利末。

原味莎莎醬

肉類料理或熱狗搭配莎莎醬,
可去除肉的油膩,增添清爽口感;
用來做沙拉或拌菜,亦可齒頰留香。
以保存容器冷藏可保存約三至四天。

（材料（4杯量））

番茄…4顆
洋蔥…1/2顆
芹菜…1/2根
巴西利末…2大匙
蒜泥…1/2小匙
鹽…1小匙
粗黑胡椒粉…少許
橄欖油…1/3杯

（作法）

1 番茄去蒂,於蒂頭相反側的尾端用刀劃十字。放入滾水中,皮裂開即可取出,放入冷水中去皮。橫向對半切開,去籽,果肉切碎。

2 洋蔥與芹菜切丁。

3 將1、2、巴西利、蒜泥、鹽、粗黑胡椒粉混合,淋橄欖油,混拌均勻至入味。

（總熱量 719 kcal）（總鹽分 6.1 g）

應用

色彩鮮麗的沙拉饗宴

馬鈴薯鮮蝦酪梨佐莎莎醬沙拉

（材料（2人份））

原味莎莎醬…1/2杯
馬鈴薯…2顆
去殼蝦仁…50g
酪梨…1/2顆
鹽、粗黑胡椒粉…各少許
香菜…適量

（作法）

1 馬鈴薯削皮,切成適口大小,水煮熟軟後把水倒掉,放回爐上,以小火輕晃鍋子讓水氣充分蒸散,做成粉吹芋馬鈴薯。

2 去殼蝦仁快速汆燙後,切成適口大小。酪梨去皮去籽,切成一公分塊狀。

3 將1及2一同放入調理碗中,撒鹽、粗黑胡椒粉,加莎莎醬混拌均勻。撕碎香菜,撒上裝飾。

（一人份 237 kcal）（鹽分一人份 0.8 g）

涼拌竹筴魚

新鮮竹筴魚生魚片轉變西洋風格的華麗變身

（材料（2人份）

原味莎莎醬…1/2杯
竹筴魚（三枚切法）…2尾
顆粒芥末醬…1小匙
鹽、胡椒粉…各少許

（作法）

1 竹筴魚斜切成適口大小。

2 將顆粒芥末醬混入莎莎醬。

3 將1排放在淺盤上，撒鹽、胡椒粉，鋪上滿滿的2，放入冰箱冷藏約三十分鐘，使其入味。

應用

一人份 **135** kcal ｜ 鹽分一人份 **1.1** g

應用

塔可飯

莎莎醬拌塔巴斯科辣椒醬
微辣鹹香的好滋味

（材料（2人份）

原味莎莎醬…1/2杯
牛絞肉…150g
沙拉油…1小匙
鹽、胡椒粉…各少許
伍斯特醬…1小匙
萵苣…2片
塔巴斯科辣椒醬…1/2小匙
白飯…約2大碗
墨西哥脆片…適量

（作法）

1 平底鍋加沙拉油熱鍋，炒絞肉，以鹽、胡椒粉、伍斯特醬調味。

2 萵苣切絲。

3 將塔巴斯科辣椒醬拌入莎莎醬。

4 將白飯盛盤，依序鋪上2、1、3，撒上墨西哥脆片。

一人份 **493** kcal ｜ 鹽分一人份 **1.0** g

冷凍番茄好實用！

如果發現熟成飽滿美味可口的大紅番茄，建議一次買足冷凍保存。不但可以直接享用，亦可用來烹飪，榨果汁或做成醬料。

冷凍碎切番茄

番茄去蒂切碎，放入冷凍用保存袋中鋪平，冷凍保存。

冷凍整顆番茄

番茄挖去蒂頭，放入冷凍用保存袋中，冷凍保存。

番茄吻仔魚沙拉

冰沙綿密的口感令人難以忘懷！

冷凍整顆番茄

一人份 109 kcal　鹽分一人份 2.1 g

材料（2人份）

冷凍整顆番茄…2顆　芝麻油…1大匙
長蔥…5cm　　　　　吻仔魚…20g
榨菜…20g　　　　　韓國海苔…2片

作法

1 將冷凍整顆番茄半解凍，長蔥切細絲，榨菜切粗丁。

2 於平底鍋倒芝麻油熱鍋，將吻仔魚炒酥脆，加榨菜繼續翻炒。

3 於盤中鋪上蔥絲，將番茄放於蔥絲上，趁熱倒入2，再撕一些韓國海苔撒上。

番茄奶昔

搭配優格，營養滿點又美味

用冷凍整顆番茄

材料（2人份）

冷凍整顆番茄…1顆
優酪乳…1杯

作法

1 冷凍整顆番茄沖流動水使其半解凍，剝皮切成適口大小。

2 將1與優酪乳放入果汁機中，打成滑順的奶昔。

一人份 79 kcal　鹽分一人份 0.1 g

用冷凍碎切番茄

一人份242kcal　鹽分一人份1.4g

平底鍋香煎
番茄蛋

鋪在熱騰騰的白飯上，
做成蓋飯也十分美味！

〔材料（2人份）〕

冷凍碎切番茄
　…約1顆
蛋…3顆
鹽、胡椒粉…各少許
橄欖油…2大匙
醬油…2小匙

〔作法〕

1 將蛋打入調理碗中，
撒鹽、胡椒粉，均勻
攪拌成蛋液。

2 於平底鍋加1大匙橄欖油熱鍋，冷凍碎切
番茄不解凍直接倒入快炒，蓋鍋悶蒸，淋
醬油混拌。

3 將2倒入1中拌勻。

4 將2的鍋中擦乾淨，倒1大匙橄欖油熱鍋，
將3倒入鍋中煎成鬆軟的半熟蛋。

用冷凍碎切番茄

番茄湯麵

番茄的碎冰口感
帶來陣陣涼爽

一人份444kcal　鹽分一人份2.4g

〔材料（2人份）〕

〈番茄醬料〉
　冷凍碎切番茄…約2顆
　麵味露（2倍濃縮）
　　…1/2杯
　水…1又1/2杯
　芝麻油…少許

萬能蔥…5根
韓式泡菜…60g
素麵…4束
熟白芝麻粒…2小匙

〔作法〕

1 製作番茄醬料。將麵味露與水混合，加入冷
凍碎切番茄（不解凍）及芝麻油混勻。

2 將萬能蔥切成蔥花，泡菜切碎。

3 準備一大鍋滾水煮素麵，煮熟後以涼水沖
洗，瀝乾水分。

4 將素麵盛盤，放上泡菜，撒蔥花及芝麻，盛上
番茄醬料。

番茄乾好實用！

小番茄除了冷凍以外，亦可做成果乾使用。

在此介紹日曬製作的半乾小番茄，以及進一步利用低溫烤箱烘烤至全乾的全乾小番茄。

全乾小番茄

烤盤上鋪烘培紙，將半乾小番茄（參考右項）切口朝上，排列整齊，以100℃烤箱烘烤一小時又三十分鐘。取出放涼，放入保存罐中，冷藏約可保存一個月。

半乾小番茄

小番茄去蒂，對半切開後去籽，切口向下瀝乾水分。於淺盤或濾網上鋪餐巾紙，番茄切口向上排於紙上，偶爾上下翻面，日曬一天。盡量在兩、三天內用完。

用半乾小番茄

酥炸小番茄

濃郁的香甜中帶有恬淡酸味

〔材料（2人份）〕

半乾小番茄…約10顆
〈油炸麵衣〉
　麵粉…25g
　太白粉…5g
　泡打粉…1小匙
　鹽…少許
　蛋液…1大匙
　水…2大匙
　沙拉油…1/2大匙
油炸油…適量
芥菜葉…適量

〔作法〕

1 調製油炸麵衣。將麵粉、太白粉、泡打粉、鹽混合一起過篩，加入蛋液、水、沙拉油混拌均勻。

2 將半乾小番茄裹上1的麵衣，以170℃油炸。

3 將油瀝乾，佐以芥菜葉盛盤。

（一人份 **161** kcal）（鹽分一人份 **0.9** g）

用全乾小番茄

番茄冷豆腐

乾蝦米、香醇芝麻油調製而成的特調醬料

〔材料（2人份）〕

全乾小番茄…約4顆　　萬能蔥蔥花…1大匙
乾蝦米…8g　　　　　豆腐（板豆腐或嫩豆腐）
醬油…1/2大匙　　　　　…1/2塊
芝麻油…1/2大匙

〔作法〕

1 全乾小番茄切碎，蝦米泡水還原後切碎。

2 將1、醬油、芝麻油、蔥花倒入大碗中拌勻。

3 豆腐對切一半盛盤，鋪上2。

（一人份 **104** kcal）（鹽分一人份 **0.8** g）

胡蘿蔔

胡蘿蔔的學名源自希臘文的「溫熱」。
恰如其名,胡蘿蔔擁有保暖、維持身心健康的作用。
富含多樣維生素及礦物質,也是人人譽為萬能蔬菜的緣由。

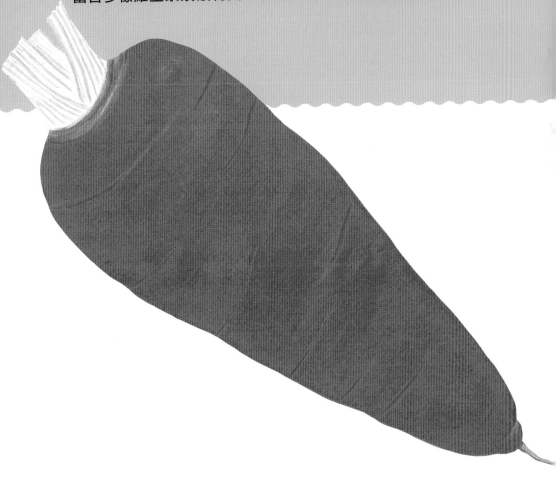

β胡蘿蔔素，維持健康體魄，增強免疫力

胡

蘿蔔為繖形科的二年生植物，原產於地中海沿岸至中亞地區，十六至十七世紀經由中國傳入日本，顏色深紅細長的金時胡蘿蔔，便是當時傳入的品種，普遍種植於西日本。

另一方面，我們一般常吃的橘色胡蘿蔔為荷蘭品種改良，是屬於江戶時代後期經由歐洲及美國傳入的西洋胡蘿蔔。

我們一般食用胡蘿蔔生長於土壤中堅硬的紅色根莖部位，這在中醫上意味著胡蘿蔔是一種可溫熱身體的食物。胡蘿蔔學名中的「Daucus」源自希臘文「Daukos（溫熱）」，由此可見，無論在東方或西方，胡蘿蔔都被公認為具有暖身和保持身心健康的作用。

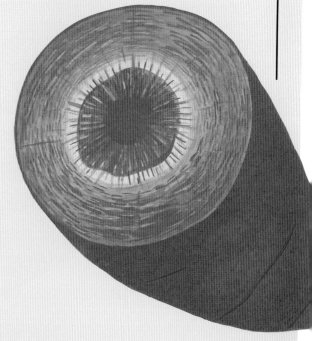

維持健康不可少的β胡蘿蔔素的神奇力量

此外，胡蘿蔔富含多種人類生命活動所需的維生素及礦物質，正是其擁有卓越健康力量的根據。其中尤其備受關注的是胡蘿蔔中豐富的「β胡蘿蔔素」。

β胡蘿蔔素是一種食物中所含

色素成分的「類胡蘿蔔素」，在胡蘿蔔及南瓜等黃綠色蔬菜中含量豐富。β胡蘿蔔素會在體內轉換成維生素A，發揮功效。

維生素A富含於肝臟和鰻魚等動物性食物中，有助於維護皮膚及黏膜健康，保持視力正常，但每天食用富含維生素A的食品，恐導致攝取過剩，孕婦尤須特別注意。關於這一點，β胡蘿蔔素只會根據身體所需用量轉換成維生素A，因此即使吃太多，也無須擔心維生素A過量。

β胡蘿蔔素亦有助於增強免疫力

　β胡蘿蔔素也是備受矚目的植化素之一。植物會產生具有抗氧化特性的成分，保護自己免受紫外線等有害物質的影響，該成分即為植化素。胡蘿蔔的橘色色素「胡蘿蔔素」也是植化素成員之一。

　胡蘿蔔素一詞之所以源自「Carrot」，也是因為胡蘿蔔中的胡蘿蔔素含量在蔬菜中勇奪冠軍。儘管β胡蘿蔔素最為人矚目，但胡蘿蔔還含有其他多種胡蘿蔔素，如α胡蘿蔔素、γ胡蘿蔔素等。

　胡蘿蔔素中，β胡蘿蔔素轉換成維生素A的比例最高，未轉換成維生素A的胡蘿蔔素本身亦具有去除活性氧的作用，因此有望預防生活習慣病、癌症、老化。儘管α胡蘿蔔素轉換成維生素A的力量薄弱，但已知可預防肺癌及肝癌。

COLUMN

胡蘿蔔是健康的萬靈丹

　胡蘿蔔在世界各國都被視為健康的萬靈丹。胡蘿蔔含有β胡蘿蔔素，其強大的抗氧化作用，被認為可有效預防癌症及生活習慣病等疾病，其他亦含有α、γ等多種胡蘿蔔素，此外亦含有維生素A、E、B_1、葉酸、鈣、鉀、鎂等人體所需的多種礦物質及維生素。

　維生素及礦物質雖然不能提供能量，但為身體功能順利運轉及保持健康的必需營養素。胡蘿蔔之所以被譽為萬靈丹，便是因為其含有微量的大部分人體必需營養素。

胡蘿蔔 10種功效

接著介紹胡蘿蔔重要的有效成分，一同了解我們如何透過胡蘿蔔增強免疫力、預防各種疾病，維持現代人的健康。

功效 01 預防動脈硬化

β胡蘿蔔素具有強大的抗氧化作用，可去除萬病之源的活性氧，抑制造成動脈硬化的脂質過氧化現象，亦可降低膽固醇，預防心臟病的功效亦備受矚目。

預防癌症 功效 03

胡蘿蔔含有可在體內轉換成維生素A的β胡蘿蔔素，以及維生素C及E等「抗氧化維生素」，可有效去除活性氧、增強免疫力。近年來，β胡蘿蔔素及α胡蘿蔔素等抑制癌症的效果亦備受關注。

功效 02 改善高血壓

胡蘿蔔中所含琥珀酸鉀可促進體內水分代謝正常、降低血壓，亦有望改善浮腫或手腳冰冷。此外，β胡蘿蔔素及維生素E可預防動脈硬化，保持血管健康。

功效 04 避免眼睛疲勞

維生素A可維護眼球表面黏膜健康，避免眼睛乾澀，同時也是構成視網膜上感光物質「視紫質」的原料。對常看電腦等用眼過度的現代人來說，可說是非常重要的食材。

功效 08 改善便祕、腹瀉

胡蘿蔔中所含礦物質及膳食纖維可改善腸道環境，有助於緩解便祕。此外，胡蘿蔔具暖身作用，可促進胃腸道管壁的血液循環，對於胃腸虛弱、容易腹瀉者，十分推薦。

功效 09 改善貧血及促進血液循環

據說胡蘿蔔可改善貧血、手腳冰冷、虛弱體質等症狀，推測是因為胡蘿蔔的鐵質可幫助造血，改善血液循環。中醫亦認為胡蘿蔔具暖身、補血之功效。

功效 10 強健骨骼及牙齒

胡蘿蔔含有鉀、磷、鈣等多種礦物質，有助於內臟功能，強健骨骼及牙齒，對於預防未來骨質疏鬆症，亦是值得多加食用的好食材。

功效 05 改善皮膚粗糙

維生素A可強健黏膜、促進皮膚新陳代謝。未轉換成維生素A的胡蘿蔔素亦可去除因紫外線或衰老而產生的活性氧，有助於改善皮膚粗糙及皮膚疾病。

功效 06 有益於降血糖

以前胡蘿蔔被列為高GI食品，但已獲得修正，胡蘿蔔並不會導致血糖快速上升。中國醫科大學的研究還顯示，胡蘿蔔含有降血糖成分。

功效 07 對抗不孕症

胡蘿蔔有暖身的作用，因此亦有助於改善體寒導致不孕的情況。

胡蘿蔔的營養烹飪技巧 Q&A

堪稱萬能蔬菜的胡蘿蔔，如此優良的營養成分，我們可得有效吸收，不能浪費。以下介紹簡單易懂的營養烹飪技巧。

切法會影響胡蘿蔔素的營養價值嗎？

A 每天應攝取多少份量？

每天可吃二分之一根。不同切法，多少會改變胡蘿蔔素的吸收率。

二分之一根胡蘿蔔約100g，便含有每日建議攝取量的胡蘿蔔素。此外，切碎、磨泥等細切方式，可提高身體對胡蘿蔔素的吸收率。不過，重點在於每日持續食用，因此無須太過糾結切法，不妨專注在如何煮出胡蘿蔔的美味。

A 熟食比生食更有效，尤其建議用油調理。

胡蘿蔔富含的胡蘿蔔素具有溶於油脂的特性，因此用油烹飪，效果最顯著，譬如可炒、可炸，或以油底調味醬調製沙拉。人體對胡蘿蔔中的胡蘿蔔素吸收率是油炒大於水煮，又大於生食，況且與油搭配，更能引出胡蘿蔔的甘甜與濃郁，更加美味。

A 不妨添加檸檬汁或醋，以防破壞維生素 C 。

最愛的胡蘿蔔沙拉，生吃胡蘿蔔有哪些注意事項？

胡蘿蔔含有抗壞血酸氧化酶（ascorbinase）的酵素會破壞維生素C，不僅破壞胡蘿蔔本身所含維生素C（含量不多），也會損害其他食物中含有的維生素C，不過透過烹煮及加酸，可預防此類情況發生。生食時，不妨添加少量的檸檬汁等柑橘類果汁或醋，可抑制抗壞血酸氧化酶的作用，但須注意，過多的酸會破壞胡蘿蔔素。

此外，連皮生食時，基於衛生觀點，切記應在流動水下沖洗超過三十秒鐘。

Q　外皮、粗部、細部或中心部位……整枝胡蘿蔔不分部位，營養都一樣嗎？迷你胡蘿蔔有哪些營養呢？

A　愈接近胡蘿蔔表皮，胡蘿蔔素含量愈豐富，甜度也愈高。

接近表皮的部位含有豐富的胡蘿蔔素，因此建議削皮時不要削太厚，愈薄愈好。關於粗細部位，目前尚無相關資料，但基本上外觀顏色愈深，表示胡蘿蔔素愈豐富。就烹飪方面來看，靠近芯部的部位較堅硬，因此適合湯品等燉煮料理。表皮附近的肉質較軟嫩、甜度高，因此沙拉等生食也能充分享受胡蘿蔔的美味。

迷你胡蘿蔔的營養價值與一般胡蘿蔔大致相同，且表皮鮮嫩、無澀味，適合生食。

Q　不削皮比較好嗎？胡蘿蔔葉也有營養嗎？

A　胡蘿蔔的外皮和葉子都富含營養，建議使用別丟棄。

胡蘿蔔皮附近含有最豐富的胡蘿蔔素，因此連皮吃，可以攝取更多的胡蘿蔔素。本書中介紹的食譜，也大多連皮烹煮。胡蘿蔔葉同樣富含鈣、鐵、維生素C等營養成分，可快速水煮、炒、炸皆宜。

Q　胡蘿蔔汁有哪些營養價值？

A　胡蘿蔔汁可有效攝取胡蘿蔔素。

鮮搾蔬果汁是可以享受蔬菜水果新鮮美味的健康食品，鮮榨胡蘿蔔汁當然也是營養滿分。利用果汁機攪碎成泥，再以濾布或濾網過濾，雖然會減少膳食纖維，但可提高胡蘿蔔素的吸收率。然而，誠如前述，胡蘿蔔含有抗壞血酸氧化酶的酵素，會破壞維生素C，因此建議加入少量檸檬汁或醋，以抑制酵素的作用。

Q　胡蘿蔔預先調理保存，會影響其美味或營養嗎？

A　美味或營養都幾乎不變。

即使將胡蘿蔔預先調理保存，也不會影響其美味。相反的，有時隨時間過去，反而會因入味而提升美味層次。此外，胡蘿蔔所含胡蘿蔔素是不易被破壞的營養素，因此幾乎可以斷定其營養價值不會受到影響，膳食纖維也不會受損。預製的常備菜在餐桌上少一道蔬菜時，最能派上用場，十分推薦。

胡蘿蔔全利用食譜

胡蘿蔔皮附近含有豐富的胡蘿蔔素，
因此最好的方式是連皮一起烹煮。
接著介紹完整享用胡蘿蔔的美味食譜。

鬆軟甘甜的原始美味

香烤胡蘿蔔

（材料（2人份）

胡蘿蔔…2條
迷迭香…1枝
橄欖油…適量
粗鹽…適量

（作法）

1 胡蘿蔔連皮對半縱剖，排放在鋪鋁箔紙的烤盤上，撒迷迭香，淋橄欖油。

2 以220～230℃烤箱烘烤約三十分鐘，可用竹籤輕鬆穿透，便表示烤熟。

切成易入口大小後盛盤，撒粗鹽，淋上橄欖油即可享用。

1人份 141 kcal | 鹽分1人份 1.7 g

炸胡蘿蔔

慢工炸出胡蘿蔔的清甜令人驚艷

〈材料（2人份）〉

胡蘿蔔…2條
油炸油…適量
〈塔塔醬〉
　美乃滋…4大匙
　碎水煮蛋…約1/2顆
　酸黃瓜碎末…1大匙
　巴西利末…1小匙
　洋蔥末…2大匙

作法

1 胡蘿蔔連皮對半縱剖。

2 鍋於鍋中倒油炸油，放入胡蘿蔔後開火，一邊緩慢加熱提高油溫，一邊油炸胡蘿蔔。適時上下翻面，炸約二十分鐘，可用竹籤輕鬆穿透便表示熟透。

3 盛盤，將塔塔醬的材料混勻做成沾醬一同上桌。

和風燉胡蘿蔔

高湯入味，溫潤順口

〈材料（2人份）〉

胡蘿蔔…2條
昆布…10cm長1片
薄鹽醬油…1大匙

〈味噌麻醬〉
　味噌…1大匙
　白芝麻醬…1大匙
　味醂…1大匙
　砂糖…1大匙
　酒…1/2大匙

作法

1 於鍋中倒入2又1/2杯水及昆布，靜置一小時以上。

2 胡蘿蔔削皮，對半縱剖。

3 於1中放入胡蘿蔔，加薄鹽醬油後開火，煮沸前取出昆布，再繼續熬煮至胡蘿蔔熟軟。

4 將味噌麻醬的材料放入另一鍋中，開火攪拌，仔細混勻。

5 將3盛盤，並佐以味噌麻醬。

胡蘿蔔威力升級食譜

將人人喜愛的經典菜色稍作調整，變成胡蘿蔔加量的創意食譜。
胡蘿蔔基本上都是連皮使用。

胡蘿蔔糖醋五花肉

裹滿糖醋醬的炸胡蘿蔔，
酸甜口感一級棒

〔材料（2人份）〕

胡蘿蔔…1條
青椒…1顆
豬五花（肉塊）…100g
〈豬肉調味〉
　酒…1大匙
　醬油…1小匙
　胡椒粉…少許
　芝麻油…1小匙
太白粉…適量
油炸油…適量

〈甘醋〉
雞湯…80ml
砂糖…1大匙
醬油…1大匙
醋…2小匙
番茄醬…2小匙
太白粉水…約1大匙

〔作法〕

1 胡蘿蔔連皮滾刀切塊，青椒去籽後滾刀切塊。豬肉切成7mm厚度，以調味材料抓醃後稍微醃漬一會兒，除去多餘醬汁，沾抹太白粉。

2 油炸油加熱至170℃，裸炸（不裹麵衣）胡蘿蔔及青椒，接著炸豬肉。

3 將甘醋材料倒入平底鍋煮滾，繞圈淋太白粉水勾芡。

4 將 2 的豬肉、胡蘿蔔及青椒放入 3 中拌勻。

1人份 **431** kcal　鹽分1人份 **2.0** g

胡蘿蔔豬肉香酥餅

搭配豬肉，飽足感十足！

胡蘿蔔…1條
胡蘿蔔葉…約1條葉量
豬後腿肉片…100g
麵粉…1大匙

〈麵衣〉
　麵粉…4大匙
　水…4大匙
　鹽…少許
油炸油…適量
粗鹽…適量

作法

1 胡蘿蔔連皮切絲，胡蘿蔔葉切成3cm長度，豬肉切絲。

2 將1放入調理碗中，撒麵粉整體抓捏，將麵衣材料混勻後加入，快速拌勻。

3 將烘培紙裁切成適當大小，準備八至十張，將2均分成八至十等分，個別平鋪在烘培紙上。

4 將油炸油加熱至170℃，放入3，麵衣稍微變硬，便可去除烘培紙，適時翻面，炸至整體酥脆。趁熱撒上粗鹽，即可享用。

1人份 717 kcal ｜ 鹽分1人份 1.9 g

胡蘿蔔香煎雞塊

吸滿雞肉肉汁的胡蘿蔔香甜美味

1人份 337 kcal ｜ 鹽分1人份 1.6 g

材料（2人份）

胡蘿蔔…1條
無骨雞腿肉…1片
扁豆…3片
沙拉油…1大匙
高湯…1杯

酒…1大匙
砂糖…1/2大匙
醬油…1大匙
味醂…1大匙

作法

1 胡蘿蔔連皮滾刀切塊，雞肉切成適口大小，扁豆去粗絲後水煮，對半斜切備用。

2 鍋中倒沙拉油熱鍋，雞皮朝下下鍋乾煸，燒出金黃色後翻面，使整體表面均勻上色。用餐巾紙拭去多餘油脂。

3 將胡蘿蔔加入2中一起翻炒，倒入高湯，熬煮至胡蘿蔔熟軟。

4 加酒、砂糖、醬油、味醂後進一步煮滾，待高湯稍微收汁，偶爾晃動鍋身，使湯汁沾裹材料，燒出光澤。加扁豆擺盤裝飾。

西式胡蘿蔔絲沙拉

濃郁奶香但清爽可口

（材料（2人份））

胡蘿蔔…1條
核桃（熟）…2顆
葡萄乾…1大匙
〈奶油調味醬〉
　酸奶油…3大匙
　檸檬汁…少許
　鹽…1/3小匙
　胡椒粉…少許

（作法）

1 胡蘿蔔切成易入口的長度，連皮切絲。核桃及葡萄乾切碎。

2 將奶油調味醬的材料放入大碗中混勻後，加入1拌勻。

1人份 176 kcal　鹽分1人份 1.1 g

和風胡蘿蔔絲沙拉

胡蘿蔔沙拉的終極版！

（材料（2人份））

胡蘿蔔…1條
蘿蔔嬰…1盒
〈調味醬油〉
　醬油…1/2大匙
　醋…1/2大匙
　砂糖…1/2小匙
　芝麻油…1/4小匙
　柴魚片…適量

（作法）

1 胡蘿蔔切成易入口的長度，連皮切絲。蘿蔔嬰對切成一半長度。

2 將調味醬油的材料放入大碗中混勻後，加入1拌勻。

3 盛盤，撒柴魚片。

1人份 60 kcal　鹽分1人份 0.8 g

胡蘿蔔寬扁麵沙拉

重點在於將胡蘿蔔削成與寬扁麵相同厚度

材料（2人份）

胡蘿蔔…1條　　　　　橄欖油…1大匙
寬扁麵…40g　　　　　檸檬汁…2小匙
生火腿…3片　　　　　鹽…適量
黑橄欖…3顆　　　　　粗黑胡椒粉…適量

作法

1 胡蘿蔔連皮用削皮刀削成長條片，放入調理碗中，撒少許鹽，用手抓醃。

2 準備一鍋加適量鹽的滾水煮寬扁麵，麵熟後撈起瀝乾水分備用。生火腿切成適口大小。黑橄欖切碎。

3 將1與2倒入調理碗中，加橄欖油、檸檬汁、適量的鹽及粗黑胡椒粉拌勻。

（1人份 240 kcal）（鹽分1人份 2.6 g）

材料（2人份）

胡蘿蔔…1條　　　　　鯷魚醬…3大匙
芹菜…1/2根　　　　　橄欖油…1/4杯
〈蒜味醬〉　　　　　　胡椒粉…少許
　蒜頭…9瓣
　牛奶…適量

作法

1 胡蘿蔔連皮切成長條棒狀，芹菜也切成相同長度的長條棒狀。

2 調製蒜味醬。蒜頭去芯，放入鍋中，倒入牛奶蓋過蒜頭，開火煮滾後倒掉煮汁，以此相同步驟重複三次，第三次以小火慢慢地將蒜頭煮至熟軟，撈起瀝乾。

3 將2煮熟的蒜頭用濾網壓製成泥過篩，與鯷魚醬混合，倒入小鍋中，每次少量地緩慢加入橄欖油，一邊攪拌一邊加熱，最後以胡椒粉調味。

4 胡蘿蔔與芹菜盛盤，佐以溫熱的3蒜味醬，蔬菜棒蘸滿醬料，盡情享用。

蒜香胡蘿蔔蔬菜棒

普通蔬菜棒的義式華麗變身！

（1人份 197 kcal）（鹽分1人份 1.8 g）

義式胡蘿蔔蔬菜湯

營養均衡的押麥胡蘿蔔湯

材料（2人份）

胡蘿蔔…1條　　　橄欖油…1小匙
洋蔥…1/2顆　　　顆粒高湯粉…1/2大匙
四季豆…3根　　　月桂葉…1片
培根…1片　　　　鹽…1/3小匙
押麥…30g　　　　胡椒粉…少許

作法

1 胡蘿蔔連皮切丁,洋蔥也切丁,四季豆切斜片,培根切一公分寬度。押麥快速洗淨後,加一杯水浸泡。

2 於鍋中加橄欖油及培根翻炒,培根出油後,加胡蘿蔔及洋蔥繼續拌炒。

3 將1之押麥連浸泡水一同倒入鍋中,加四季豆、顆粒高湯粉、月桂葉、兩杯水燉煮至蔬菜及押麥熟軟,最後再以鹽、胡椒粉調味。

1人份 **181** kcal　鹽分1人份 **2.6** g

胡蘿蔔巧達濃湯

利用蛤蜊罐頭超簡單!

材料（2人份）

胡蘿蔔…1條　　　　　麵粉…1又1/2大匙
馬鈴薯…1/2顆　　　　顆粒高湯粉…1小匙
水煮蛤蜊罐頭…1罐　　鹽…少許
牛奶…1杯　　　　　　粗黑胡椒粉…適量
奶油…1大匙　　　　　巴西利末…少許

作法

1 胡蘿蔔連皮切成方塊狀,馬鈴薯也切成方塊狀。將蛤蜊與湯汁分開。

2 於1之湯汁兌水至1又1/2杯,再混入牛奶。

3 於鍋中加奶油,拌炒胡蘿蔔、馬鈴薯,撒麵粉進一步拌勻。將2慢慢倒入鍋中攪拌讓湯底變濃稠,加顆粒高湯粉,煮約十分鐘至胡蘿蔔熟軟。

4 加入蛤蜊,以少許鹽及粗黑胡椒粉調味。盛盤時撒上巴西利及適量的粗黑胡椒粉。

1人份 **339** kcal　鹽分1人份 **2.6** g

營養滿點的飽足濃湯

胡蘿蔔咖哩濃湯

材料（2人份）

胡蘿蔔…1條　　　　咖哩粉…1/2小匙
白飯…30g　　　　　鹽…適量
顆粒高湯粉…1小匙　粗黑胡椒粉…適量

作法

1 胡蘿蔔連皮滾刀切成約1cm厚度的塊丁。白飯放入濾網，快速過開水沖散。

2 於鍋中放入胡蘿蔔、顆粒高湯粉、1又1/2杯水、白飯後開火，煮至胡蘿蔔熟軟後，關火放涼。

3 將2整鍋連湯汁全數倒入食物調理機中，加咖哩粉，攪碎成泥狀，最後以鹽調味。

4 盛盤，撒粗黑胡椒粉。

1人份 **75**kcal ｜ 鹽分1人份 **1.2** g

豬肉與根莖蔬菜的濃醇口感

胡蘿蔔牛蒡味噌湯

材料（2人份）

胡蘿蔔…1條
牛蒡…50g
長蔥…1/2根
豬肉碎片…80g
高湯…3杯
味噌…2大匙滿匙
七味辣椒粉…少許

作法

1 胡蘿蔔連皮切成易入口的短條薄片，牛蒡削細絲，長蔥斜切成薄片。

2 於鍋中放入高湯、胡蘿蔔、牛蒡，開火煮至蔬菜熟軟。

3 於鍋中溶入一半味噌，加豬肉煮熟。加蔥片稍微滾一下，再溶入剩餘的味噌。

4 盛盤，撒七味辣椒粉。

1人份 **210**kcal ｜ 鹽分1人份 **2.8** g

胡蘿蔔吻仔魚炊飯

鮮、香、甘兼具的完美組合

胡蘿蔔…1條
吻仔魚…30g
米…2米杯
酒…1大匙
醬油…1/2～1大匙
鹽…1/2小匙
山芹菜切碎…適量

作法

1 胡蘿蔔先連皮切成1cm厚的圓切片，再切成薄片後，將薄片疊一起切成略粗的胡蘿蔔絲。吻仔魚快速沖洗，以濾網瀝乾水分備用。

2 洗米放入電子鍋中，加兩杯水，浸泡三十分鐘。

3 從2的電子鍋中取出2大匙的水，放入1、酒、醬油及鹽，快速拌勻後，依一般程序煮飯。

4 飯煮熟後大致混拌後即可盛盤，佐以山芹菜裝飾。

1人份 **297** kcal ｜ 鹽分1人份 **1.6** g

胡蘿蔔香料飯

滿滿奶油風味的溫和暖心的西式炊飯

1人份 **359** kcal　鹽分1人份 **0.6** g

材料（4人份）

胡蘿蔔…1條　　　　鹽…少許
雞胸肉…1/2片　　　粗黑胡椒粉…適量
奶油…1大匙　　　　顆粒高湯粉…1小匙
米…2米杯　　　　　巴西利末…少許

作法

1 胡蘿蔔連皮切丁，雞肉也切丁。

2 於平底鍋加奶油熱鍋，加胡蘿蔔慢炒，再加入雞肉持續拌炒，當雞肉開始變色，加米繼續翻炒，撒少許鹽及粗黑胡椒粉調味。

3 將2的材料倒入電子鍋中，加兩杯水、顆粒高湯粉，依一般程序煮飯。

4 飯煮熟後大致混拌，即可盛盤，撒適量巴西利及粗黑胡椒粉。

胡蘿蔔散壽司

飯中充滿胡蘿蔔與香菇的融合香氣

1人份 **504** kcal　鹽分1人份 **3.2** g

材料（4人份）

胡蘿蔔…1條　　　　〈醋飯〉
乾香菇…3朵　　　　　白飯（溫）…2又1/2米杯
扁豆…5片　　　　　　壽司醋（市售品）…170ml
高湯…1/2杯　　　　　熟白芝麻粒…適量
醬油…2小匙　　　　　白肉魚生魚片…12片
味醂…1小匙　　　　　水煮蝦…12尾
砂糖…1小匙　　　　　海苔細絲…適量
鹽…少許

作法

1 胡蘿蔔連皮切成1.5cm長度的短條薄片，乾香菇泡水還原，去柄，切成與胡蘿蔔同樣大小。香菇水預留約1/2杯。扁豆水煮厚斜切成細絲。

2 於鍋中加入胡蘿蔔、香菇、香菇水、高湯、醬油、味醂、砂糖、鹽熬煮至收汁，再以濾網瀝乾湯汁，放涼備用。

3 白飯放入大碗中，加壽司醋混拌調製醋飯，再加入2拌勻。

4 將3盛盤，撒芝麻，鋪上生魚片、水煮蝦、海苔細絲、扁豆。

胡蘿蔔的實用常備菜

餐桌上多加一道菜，就能每天吃到胡蘿蔔。
即使預先調理再保存，也不會流失胡蘿蔔素及膳食纖維，令人欣喜。

甘醋漬胡蘿蔔

白飯配菜或小菜的最佳選擇

總熱量**666**kcal　總鹽分**0.7** g

醬漬胡蘿蔔

亦可當肉類或魚類料理的配菜

總熱量**499**kcal　總鹽分**11.9** g

材料（方便製作的份量）

胡蘿蔔…3條　　　　醋…3/4杯
〈浸漬醬汁〉　　　　水…2又1/2杯
砂糖…150g

作法

1 準備一鍋加少許鹽（額外份量）的滾水，胡蘿蔔連皮切成7～8mm厚的圓片，用滾水煮約四分鐘。

2 倒除1剩餘的滾水，加入浸漬醬汁的材料，再次開火煮滾後，即可關火，整鍋直接放涼。

3 將胡蘿蔔連同浸漬醬汁一起放入保存容器中，偶爾晃動容器，浸漬一天使其入味。約可保存十天。

材料（方便製作的份量）

胡蘿蔔…3條　　　　醬油…1/2杯
〈浸漬醬汁〉　　　　砂糖…1/2杯
醋…1/2杯　　　　　酒…2大匙
　　　　　　　　　　紅辣椒…1根

作法

1 胡蘿蔔連皮切成3～4mm厚的半圓薄片，排放在竹籃上風乾三至五小時。

2 將浸漬醬汁的材料放入小鍋中，煮滾後放涼備用。

3 將1放入於保存容器中，倒入2的浸漬醬汁，偶爾晃動容器，浸泡兩天使其入味。約可保存十天。

胡蘿蔔涼拌小菜

下酒菜或作為白飯配菜，

胡蘿蔔…2條

〈味噌醬〉

味噌…180g

味醂…2大匙

作法

1 胡蘿蔔連皮縱切成四至六塊。

2 將味噌醬的材料加入保存容器中混勻。

3 將1之胡蘿蔔放入2中，醃製一天使其入味。約可保存四天。

味噌漬胡蘿蔔

味噌的甘味，提升了胡蘿蔔的鮮美

材料（方便製作的份量）

胡蘿蔔…1條　　　　　醋…1大匙

鹽…適量　　　　　　砂糖…1小匙

〈拌菜醬料〉　　　　鹽…1/2小匙

　長蔥蔥末…約10cm長　胡椒粉…少許

　薑末…約1/2節　　　芝麻油…2小匙

作法

1 胡蘿蔔連皮切成四公分長的細絲，用鹽抓醃，快速汆燙後瀝乾水分。

2 將拌菜醬料的材料放入碗中調勻。

3 將　之胡蘿蔔絲放入　中混拌。放入保存容器中約可保存三天。

總熱量**350**kcal　總鹽分**9.8**g

總熱量**181**kcal　總鹽分**3.7**g

材料（方便製作的份量）

胡蘿蔔…2條	月桂葉…1片
〈浸漬醬汁〉	黑胡椒粒…5顆
砂糖…40g	丁香…少許
醋…1/2杯	紅辣椒…1根
水…1大匙	

材料（方便製作的份量）

胡蘿蔔…1條	醬油…2大匙
雞絞肉…200g	味醂…1大匙
沙拉油…1大匙	酒…1大匙
高湯…1/4杯	

冰箱裡隨時常備的經典菜色

醃漬酸胡蘿蔔

讓雞肉鬆變得更健康

胡蘿蔔雞肉鬆

作法

1 胡蘿蔔連皮切成4cm長條狀，泡鹽水（額外份量）一晚後瀝乾水分備用。

2 將浸漬醬汁倒入鍋中煮沸。

3 將1放入保存容器中，倒入2，偶爾輕晃容器，浸漬約三天使其入味。可保存約兩星期。

作法

1 胡蘿蔔帶皮磨成泥。

2 平底鍋倒沙拉油熱鍋，將1的胡蘿蔔泥放入翻炒，加入雞絞肉，持續拌炒至絞肉鬆散而不沾黏。

3 加入高湯、醬油、味醂、酒，持續拌炒至收汁。放入保存容器中可保存三天。

總熱量 298 kcal　　總鹽分 8.2 g

總熱量 577 kcal　　總鹽分 5.9 g

蜜漬胡蘿蔔

材料（方便製作的份量）

胡蘿蔔…2條（360g）
砂糖…145g
檸檬汁…1大匙

作法

1 胡蘿蔔連皮滾刀切小塊。

2 將1與1/2杯水放入調理機攪碎，打成泥狀。

3 將2倒入鍋中，加砂糖及檸檬汁，開火熬煮至水分蒸發變稠。放入保存容器中，約可保存兩星期。

材料（方便製作的份量）

胡蘿蔔…2條　　　顆粒高湯粉…1小匙
蜂蜜…2大匙　　　月桂葉…1片
奶油…2大匙

作法

1 胡蘿蔔連皮切成1cm厚的圓切片。

2 鍋中放入1、一杯水、蜂蜜、奶油、顆粒高湯粉、月桂葉，開火並鋪上食品吸油紙，煮至胡蘿蔔熟軟。

3 關火，直接放涼。放入保存容器中，約可保存四天。

胡蘿蔔果醬

減糖配方，亦可搭配三明治或優格

總熱量**694**kcal　總鹽分**0.4**g

總熱量**420**kcal　總鹽分**2.2**g

胡蘿蔔甜品

介紹充分運用胡蘿蔔的色彩與香氣，還能攝取滿滿營養的可口甜點。

酥炸胡蘿蔔球

利用鬆餅粉，簡單上桌！

材料（約20顆）

胡蘿蔔…1條	融化奶油…1大匙
鬆餅粉…200g	油炸油…適量
蛋…1顆	上白糖…3大匙

作法

1. 胡蘿蔔連皮磨成泥。
2. 於調理碗中加鬆餅粉、蛋、融化奶油粗略混拌，將**1**的胡蘿蔔泥連湯汁一同加入，仔細拌勻。
3. 油炸油加熱至170℃，將**2**塑形成適口大小的圓球放入油中，炸至表皮金黃、內層熟透即可撈起。
4. 趁熱撒上白糖。

1個分**56**kcal　鹽分1個分**0.1**g

胡蘿蔔果凍

君度橙酒增添香氣，「微大人」的成熟口感

一杯約分**66**kcal　鹽分一杯約**0.1**g

材料（約4杯）

胡蘿蔔…1條	蜂蜜…1大匙
吉利丁粉…1袋（5g）	君度橙酒…1大匙
柳橙汁（100%果汁）…3/4杯	

作法

1. 胡蘿蔔連皮泡水，用保鮮膜包覆，以微波爐加熱約兩分鐘，翻面繼續加熱約兩分鐘，直接放微波爐裡悶蒸，利用餘熱使胡蘿蔔熟透，再移除保鮮膜，放涼後磨成泥。
2. 吉利丁粉加2大匙水（額外份量）使其還原，以微波爐加熱10～20秒使其溶解。
3. 將**1**、柳橙汁、蜂蜜、君度橙酒放入碗中混勻，再加**2**混拌均勻。
4. 倒入玻璃杯等容器中，冷藏使其凝固。

材料（方便製作的份量）

胡蘿蔔…1條
油炸油（盡量用橄欖油）…適量
鹽、粗黑胡椒粉…各適量

作法

1. 胡蘿蔔連皮切成圓形薄片。
2. 於耐熱盤鋪上餐巾紙，將**1**之胡蘿蔔薄片平鋪紙上，以微波爐加熱約兩分鐘。
3. 揚油炸油加熱至170℃，倒入胡蘿蔔薄片，不時攪拌，炸至酥脆，最後撒鹽、粗黑胡椒粉。

胡蘿蔔脆片

可以當點心，也可以當下酒菜

總熱量**403**kcal　總鹽分**3.2**g

092

蘿蔔

～～～～～～～

蘿蔔因其天然胃藥的功效，自古便為人所重用。
除了可預防胃腸及黏膜問題，
透過曬乾或醃製，還能進一步增強威力。

透過酵素的力量，
蘿蔔可整腸健胃，
改善黏膜問題

蘿

蔔屬於十字花科的一年生草本植物，原產於地中海沿岸至中亞地區，在古埃及與興建金字塔時期，曾與洋蔥及蒜頭並列工人飲食中不可欠缺的重要食材。

蘿蔔經由印度、中國及朝鮮半島，與水稻文化一起傳入日本，不僅可直接烹煮，還可曬乾或醃製，因此自古便被人們做成保存食材，

是深受大眾喜愛的蔬菜之一。

蘿蔔富含酵素，
堪稱天然胃藥

提起蘿蔔，最知名的成分莫過於「澱粉糖化酶」。澱粉糖化酶又稱澱粉分解酵素的澱粉液化酶，可增強胃腸功能。此外，蘿蔔亦含有豐富的蛋白質分解酵素「蛋白酶」、「氧化酶」、「過氧化氫

酶」、「醣苷酶」等酵素類及維生素C。尤其，氧化酶具有分解苯并芘的作用，苯并芘是一種魚類燒焦後產生的致癌性多環碳氫化合物。

此外，辛味成分「異硫氰酸鹽」可促進胃酸分泌，幫助脂肪分解，並具有殺菌、預防癌症等作用。

換言之，蘿蔔可迅速改善胃弱、消化不良、胃食道逆流、便祕、食物中毒及宿醉等胃腸問題，

堪稱是天然胃藥。食用生魚片之所以會配蘿蔔絲，天婦羅配蘿蔔泥，也是因為有這一層道理在。

蘿蔔亦有益於改善黏膜問題，據說可減緩喉嚨發炎、咳嗽、痰等症狀。此外，現已證實膳食纖維的「木質素」具有抑制癌細胞增生的作用，且增強免疫力的功效亦備受矚目。

大約三百年前，江戶時期的儒學家、本草學學者貝原益軒甚至曾於書中記載：「堪稱蔬菜之王，應每日食用」《養生訓》，足見蘿蔔是一種蘊含神奇健康功效的蔬菜。

連同蘿蔔葉食用，健康功效更明顯

另一方面，蘿蔔葉的可食用部位中，每一百克便含有高達三千九百微克的β胡蘿蔔素（蘿蔔本身不含β胡蘿蔔素），因而被歸類為黃綠色蔬菜。此外，蘿蔔葉所含維生素C比根部多達四倍以上，約五十三微克，並含有維生素B_1、B_2、鈣、鐵等營養素。

β胡蘿蔔素可增強免疫力，維持皮膚及黏膜健康，抑制發炎，因此除了根部以外，連同蘿蔔葉一起食用，健康功效的威力更強大。建議搭配油品炒熟，更能有效攝取β胡蘿蔔素。

誠如以上，蘿蔔從頭到尾都有用處，但在中醫裡，蘿蔔被歸類為寒性食物，所以如果體質偏寒或擔心太冷，建議烹煮後食用。譬如關東煮的滷蘿蔔或日式燉蘿蔔等慢煮細熬的燉菜、燜燒，都能提升溫熱身體的作用。

COLUMN

醃漬或曬成蘿蔔乾，功效加倍！

蘿蔔切絲後日曬風乾製成的蘿蔔乾，經陽光洗禮而糖化，甜度倍增，更添獨特風味及口感。在營養方面，相較於新鮮蘿蔔，蘿蔔乾中所含礦物質及維生素等營養素濃縮後，可使人體更有效吸收，膳食纖維也比生食增加約15倍！

此外，利用米糠醃漬（菜脯），除了蘿蔔的營養以外，還可同時攝取米糠的維生素B_1、B_2、菸鹼酸、鐵、鈣等營養成分，取得米糠乳酸菌的益處。

蘿蔔 10種功效

蘿蔔有利於消化，且據說具有排毒功效。其他還有諸多有益健康的作用，在此一併介紹。

功效 01
減緩胃食道逆流、胃脹及宿醉

澱粉分解酵素「澱粉糖化酶」、蛋白質分解酵素「蛋白酶」、促進胃酸分泌的辛味成分「異硫氰酸鹽」等皆可幫助消化吸收，協助胃腸道運作。

功效 02
舒緩感冒、支氣管炎、咳嗽、化痰

蘿蔔汁及蜂蜜漬蘿蔔自古便經常用來舒緩咳嗽、痰、喉嚨痛等症狀，推測這是因為蘿蔔中所含鐵及鎂有助於修復黏膜問題。

功效 03
改善便祕、腹瀉及腹脹

辛味成分「異硫氰酸鹽」可促進胃酸分泌、幫助消化、調理腸道環境。蘿蔔的尾端辛味較為強烈，將此部分磨成泥，可有效攝取異硫氰酸鹽。

功效 04
預防腦中風

蘿蔔皮富含維生素P（非維生素但作用相似的物質），可強化微血管、抑制血栓生成、降低腦中風的危險。且蘿蔔含有豐富的膳食纖維，可降低膽固醇、預防動脈硬化。

抑制癌症發生

功效 08

膳食纖維的木質素可抑制癌細胞生成，異硫氰酸鹽則可抵禦可能導致胃癌的幽門螺旋桿菌，酵素的氧化酶可分解魚類等燒焦後生成的致癌物質。

擊退肥胖及代謝症候群

功效 09

異硫氰酸鹽可促進脂肪分解，抑制脂肪堆積於體內。所以食用肉類料理或油炸物時，建議搭配大量的蘿蔔泥，來預防肥胖及代謝症候群。

改善高血壓

功效 10

鉀可排出體內多餘的鈉，膳食纖維等預防動脈硬化，皆有助於改善高血壓。如果擔心味噌湯鹽分太高，不妨多加蘿蔔等食材，做成料多味美的湯品。

養顏美容

功效 05

接近蘿蔔表皮的部位及蘿蔔葉含有豐富維生素C，可促進膠原蛋白生成，打造年輕緊實的肌膚，此外亦可抑制黑色素沉澱，預防斑點。

消除浮腫，減少冬季肥胖

功效 06

腎臟功能減弱時，廢棄物及水分容易堆積於血液中，導致身體浮腫。蘿蔔富含鉀，具有利尿作用，可排除多餘水分，改善浮腫。

增強免疫力

功效 07

免疫力是一種抵禦細菌及外來物質侵入人體的系統，保護身體不受疾病影響。異硫氰酸鹽可增加承擔免疫重任的白血球活性，增強對抗疾病的抵抗力。

蘿蔔的營養烹飪技巧 Q&A

多認識蘿蔔，了解使用的部位、切法及烹飪法等，可更美味且有效地攝取營養成分。

Q 蘿蔔的上、中、下段有個別最佳的料理方式嗎？

A 充分了解蘿蔔，可以讓餐桌更美味。

接近葉子的上段部位水分多且香甜，因此適合沙拉等享受水嫩多汁的生食。中段則是最粗壯的部位，甜味最重，因此適合日式燉蘿蔔及滷蘿蔔等品味蘿蔔細緻甘味的燉煮菜色。下段則水分少，帶有辛辣味，因此適合磨泥做成香辛料，或是味道偏重的燉菜或湯品。

Q 如何烹煮蘿蔔，最能有效攝取營養？每天應攝取多少份量？

A 生食比加熱調理更有效。每日以食用三分之一根為參考。

蘿蔔含有維生素C及澱粉分解酵素「澱粉液化酶」，兩者都會因加熱而被破壞或失去活性，所以沙拉或蘿蔔泥等生食方式最合適。

三分之一根蘿蔔（300g）可提供約7％的每日維生素C建議攝取量。每日建議蔬菜量是黃綠色蔬菜與淺色蔬菜合計350g，蘿蔔亦包含在內，因此透過方便食用的菜色，適量攝取即可。

Q 切法會改變蘿蔔的營養價值嗎？此外，會影響味道或口感嗎？

A 營養價值不變，所以不妨根據菜色，靈活運用不同切法。

在烹煮滷蘿蔔或日式燉蘿蔔等厚切圓塊的燉菜時，會削去較厚的蘿蔔皮，且邊緣削圓角，可避免燉煮時崩裂，用菜刀在表面輕畫幾下，更易熟透入味。此外，順著纖維紋路切，可保留清脆口感，且較不易煮得外型崩裂。反之，與纖維紋路垂直切，口感較鬆軟，容易入口。

磨蘿蔔泥時，如果嗜辣，可以使用蘿蔔下段，來回直線地用力磨；如果不喜歡吃辣，可使用蘿蔔上段，以畫圓方式輕磨。

Q 蘿蔔葉如何烹飪最好？不削皮比較好嗎？

A 盡可能不削皮，葉子也多加利用別丟棄。

據說，愈接近蘿蔔皮，含水量愈低，維生素C含量愈高，所以建議盡量不削皮使用。此外，辛味成分也是蘿蔔皮附近含量最豐富，因此磨蘿蔔泥時，連皮磨最佳。

如果希望有效攝取蘿蔔葉的營養，建議用油烹飪，如炒、炸等方式。無法立即使用時，可以汆燙後切碎，以保鮮膜等包覆，冷凍保存。餐桌上少一味青菜時，即可派上用場。

Q 櫻桃蘿蔔的營養價值呢？葉子也有營養嗎？

A 櫻桃蘿蔔的營養價值與蘿蔔幾乎相同，葉子亦可食用。

櫻桃蘿蔔為小型蘿蔔，因生長迅速，可以快速收成，又稱二十日蘿蔔。櫻桃蘿蔔有許多品種，不過特徵都是白色肉質，水嫩多汁，帶有清脆口感且微辣，營養價值亦與普通蘿蔔沒有太大差異，葉子也與蘿蔔同樣可以食用。建議可做成味噌漬或米糠漬等醃漬食品。

Q 蘿蔔泥中的維生素C會隨時間經過而流失嗎？

A 會，所以建議食用前再磨。

維生素C不耐熱，所以以生食較能有效吸收。然而，蘿蔔磨成泥後，維生素C會隨時間經過而銳減，亦有資料顯示，磨成泥三十分鐘後，維生素C便流失約20%。辛味成分因屬揮發性，所以也會蒸發流失，如欲同時獲得兩者的益處，建議食用前再磨泥，才是最理想的狀態。如果沒用完，可以連湯汁冷凍保存。

Q 蘿蔔乾的營養？如何調理，才能更有效攝取

A 建議與維生素C或蛋白質一起食用。

蘿蔔乾等植物性食物中所含鐵質為非原血紅素鐵，相較於動物性食物所含的血質鐵，吸收率較差，但與維生素C或動物性蛋白質（僅限肉類及海鮮）一起食用，可提高吸收率。此外，蘿蔔乾含有豐富鈣質，但吸收率差，因此建議與蛋白質或維生素D含量豐富的食材組合搭配。蘿蔔乾泡水還原時，注意切勿浸泡太久，否則可能導致甜味及風味流失。

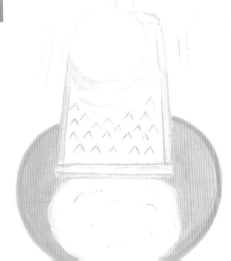

蘿蔔全利用食譜

當季蘿蔔結實又粗壯，盡量挑選帶葉的整根購買，
實惠又美味！在此介紹蘿蔔從頭到尾完整利用的全利用食譜，
一起享受蘿蔔溫暖人心、只溶你口的香甜滋味。

蒸蘿蔔

蘿蔔特有的香氣，水嫩多汁！

〔材料（3～4人份）〕

蘿蔔…1根
〈田樂味噌〉
　味噌…40g
　砂糖…20g
　酒…1小匙
　味醂…1小匙
橘醋醬油…適量
粗鹽…適量

〔作法〕

1 蘿蔔對半切成一半長度後削皮，再對半縱剖，
　放入沸騰的蒸籠裡，蒸約三十分鐘。

2 將田樂味噌的材料放入小鍋，開火攪拌熬煮，
　煮至湯汁變濃稠。

3 蘿蔔蒸熟後盛盤，切成易入口的大小，搭配2、
　橘醋醬油及粗鹽等沾醬。

1人份 100kcal ｜ 鹽分1人份 2.7 g

爐烤蘿蔔

不削皮直接烤，
甜度瞬間濃縮！

材料（3～4人份）

蘿蔔…1根
鹽…1小匙
橄欖油…3大匙
醬油…適量

作法

1 蘿蔔連皮對半切成一半長度，再對半縱剖。
抹鹽，均勻淋上橄欖油。

2 烤箱盤上鋪鋁箔紙，將1排擺盤上，於上方
覆蓋另一層鋁箔紙，以220℃的烤箱烘烤約
二十分鐘。

3 取出移除上方的鋁箔紙，將溫度調升至
250℃，烘烤約十分鐘，使其上色。

4 盛盤，切成易入口的大小，佐以醬油，並可
依喜好增添橄欖油（額外份量）。

1人份 140 kcal　鹽分1人份 2.1 g

材料（3～4人份）

蘿蔔…1根　　　　螃蟹罐頭…1大罐
米…1大匙　　　　蠔油…1/2大匙
雞湯粉…1大匙　　醬油…1/2大匙
酒…1大匙　　　　太白粉水…適量

作法

1 蘿蔔切成3cm圓形厚片，削皮、邊緣削
圓角，放入鍋中，倒入大量的水及米，
燉煮至蘿蔔熟軟，再以濾網取出沖冷水
洗淨備用。

2 鍋子洗淨，加四杯水，加入雞湯粉及酒
煮滾，放入1的蘿蔔煮約十分鐘後，便
可取出蘿蔔盛盤。

3 將蟹肉撥散放入2的鍋中，加蠔油、醬
油調味，繞圈淋太白粉水勾芡，完成後
澆淋2的蘿蔔。

水煮蘿蔔佐蟹肉羹

暖呼呼的溫和滋味，
淋上順口的中華醬料

1人份 98 kcal　鹽分1人份 1.9 g

蘿蔔威力升級食譜

以下介紹各種創意料理，除了燉煮以外，
還能用其他方式享用不同的蘿蔔美味，百吃不厭。
就讓我們一起品嘗身心都感到滿足的蘿蔔料理。

香煎蘿蔔排

細火慢煎，
燒出吸飽肉汁香氣的美味

材料（2人份）

蘿蔔…1cm厚的圓切片×8塊
豬五花肉片…8片
鹽、胡椒粉…各少許
太白粉…適量
沙拉油…2大匙
醬油…2大匙
味醂…2大匙
蘿蔔嬰…1盒

作法

1 蘿蔔削皮，將肉片鋪平，撒鹽、胡椒粉，抹一層薄薄的太白粉後，將肉片捲在蘿蔔外層。

2 平底鍋加沙拉油熱鍋，將1的豬肉捲合處向下放入鍋中煎燒，待肉片煎出金黃色，吸除鍋中多餘油脂，蓋上鍋蓋，用小火慢慢燉煮至蘿蔔熟軟。

3 掀蓋繼續燉煮使水分蒸發，淋醬油及味醂調味，佐以蘿蔔嬰裝飾盛盤。

1人份 355kcal 鹽分1人份 1.7g

蘿蔔咖哩

加入柴魚高湯底，口感清爽

材料（2〜3人份）

蘿蔔…1/2根
帶骨雞肉切塊…250g
鹽、胡椒粉…各少許
沙拉油…1大匙
薑末…約1節
蒜頭…約1瓣
柴魚高湯…4杯

咖哩塊…2人份
白飯（溫）…400g
蘿蔔葉（鹽水煮熟
　　切碎）…適量

作法

1 蘿蔔削皮，滾刀切大塊。雞肉撒鹽及胡椒粉。

2 鍋中放入沙拉油、薑、蒜頭，小火翻炒出香氣後，加入雞肉，改以中火拌炒。加蘿蔔持續翻炒至四周變透明。

3 倒入高湯，煮滾後撈除浮渣，蓋鍋蓋煮約三十分鐘。溶入咖哩塊，繼續煮約十分鐘。

4 於白飯拌入蘿蔔葉盛盤，淋上3。

1人份 **625** kcal　鹽分1人份 **2.2** g

茄汁蘿蔔章魚

肉汁甘甜的培根佐香濃番茄，令人食慾大開

材料（2〜3人份）

蘿蔔…1/2根
水煮章魚…200g
培根…2片
長蔥…1根
蒜頭…1瓣
紅辣椒…1支

橄欖油…1大匙
水煮番茄罐頭…1罐
番茄醬…2大匙
醬油…1大匙
鹽、胡椒粉…各少許

作法

1 蘿蔔削皮，切成厚一點的1/4圓塊。章魚剁塊，培根切成2cm寬度。長蔥切成1cm寬粗蔥花，蒜頭拍碎，紅辣椒去籽。

2 鍋中加橄欖油、培根、蔥花、蒜頭、紅辣椒翻炒，蔥熟軟後，加章魚、蘿蔔持續拌炒。

3 水煮番茄搗碎加入，加1/2杯水、番茄醬、醬油，燉煮至蘿蔔熟軟，以鹽、胡椒粉調味。

1人份 **249** kcal　鹽分1人份 **3.1** g

麻婆蘿蔔

令人無法忽視的
蘿蔔口感

材料（2人份）

材料（2人份）

蘿蔔…1/2根
豬絞肉…200g
薑…1節
長蔥…1/2根
沙拉油…1大匙
豆瓣醬…1/2小匙
豆豉（切碎）…1小匙
甜麵醬…1大匙

醬油…1大匙
蠔油…1又1/2大匙
酒…4大匙
砂糖…1大匙
太白粉水…適量
蘿蔔葉（水煮後切末）
…適量

作法

1 蘿蔔削皮切成1.5～2cm方塊，薑與長蔥切碎。

2 平底鍋加沙拉油熱鍋，加薑、蔥翻炒，加絞肉快速拌炒。加豆瓣醬、豆豉及蘿蔔繼續翻炒。

3 加甜麵醬、醬油、蠔油、酒、砂糖，倒水蓋過食材，燉煮至蘿蔔熟軟，淋太白粉水勾芡。可依喜好撒山椒粉（額外份量），撒上蘿蔔葉。

1人份 280kcal ｜ 鹽分1人份 2.6 g

蘿蔔涮白肉沙拉

搭配魚露香的
特色醬料

材料（2人份）

蘿蔔…1/2根
豬肉涮片…150g
〈涮豬肉用材料〉
｜ 長蔥葉段…10cm
｜ 薑片…2～3片
｜ 酒…1/4杯
花生（碎粒）…30g

〈魚露醬料〉
｜ 魚露…1又1/2大匙
｜ 蜂蜜…1小匙
｜ 醋…1小匙
｜ 沙拉油…1小匙
｜ 鹽、胡椒粉…各少許
香菜…適量

作法

1 蘿蔔削皮，用刨刀削成長條片。

2 準備一鍋滾水，放入蔥葉段、薑、酒，再次滾沸後，一次一片地涮肉片並放入冷水冰鎮。

3 將1、2及花生碎粒一起盛盤，魚露醬料的材料混合拌勻後淋上，再撒上切碎的香菜。

1人份 359kcal ｜ 鹽分1人份 2.3 g

蘿蔔涼拌雞肉絲

芥末美乃滋小菜

材料（2人份）

蘿蔔…1/2根
雞胸肉…1片
蘿蔔嬰…1盒
鹽、胡椒粉…各少許
酒…1大匙
美乃滋…2大匙
黃芥末醬…1/2大匙

作法

1. 蘿蔔削皮，切成短條薄片。蘿蔔嬰去根切碎。

2. 雞肉撒鹽、胡椒粉、酒抹勻，封上保鮮膜，用微波爐加熱4～5分鐘，撕成易入口大小，蒸煮湯汁備用。

3. 將2的蒸煮湯汁、美乃滋、黃芥末醬混合，加雞肉混拌，再加拌勻。

1人份 **373** kcal ｜ 鹽分1人份 **1.4** g

材料（2人份）

蘿蔔泥…約1/4根
豆腐（板豆腐或嫩豆腐）…1塊
滑菇…1袋
〈煮汁〉
　高湯…1杯
　薄鹽醬油…1大匙
　味醂…1大匙
　鹽…少許
太白粉水…適量
山芹菜…適量

作法

1. 豆腐切成易入口大小，滑菇以濾網快速沖洗。

2. 於鍋中放入煮汁材料，煮滾後加豆腐溫熱，再取出豆腐盛盤。

3. 於2的鍋中加滑菇煮熟，以太白粉水勾芡，蘿蔔泥稍微瀝乾水分後加入，快速混拌。

4. 將3淋上豆腐，山芹菜切碎後，擺飾於豆腐上。

豆腐蘿蔔泥羹

高湯清香的蘿蔔泥羹

淋上滿滿

1人份 **161** kcal ｜ 鹽分1人份 **2.0** g

蘿蔔蛤蜊炊飯

清甜的完美合奏

蛤蜊鮮甜與蘿蔔

材料（方便製作的份量）

蘿蔔…1/2根
米…3米杯
水煮蛤蜊罐頭…1罐
醬油…2大匙
酒…2大匙
蘿蔔葉（水煮後切末）…適量

作法

1. 米洗淨後，以濾網瀝乾水分備用。蘿蔔削皮切成2cm長度，再切成火柴棒大小的粗條狀。將蛤蜊與湯汁分開，湯汁兌水至2又3/4杯。

2. 將米放入電子鍋中，加1的湯汁、醬油、酒混勻，鋪上蘿蔔，依一般程序煮飯。

3. 飯蒸熟後，加入蛤蜊及蘿蔔葉，粗略混拌。

總熱量 **1841** kcal ｜ 總鹽分 **6.6** g

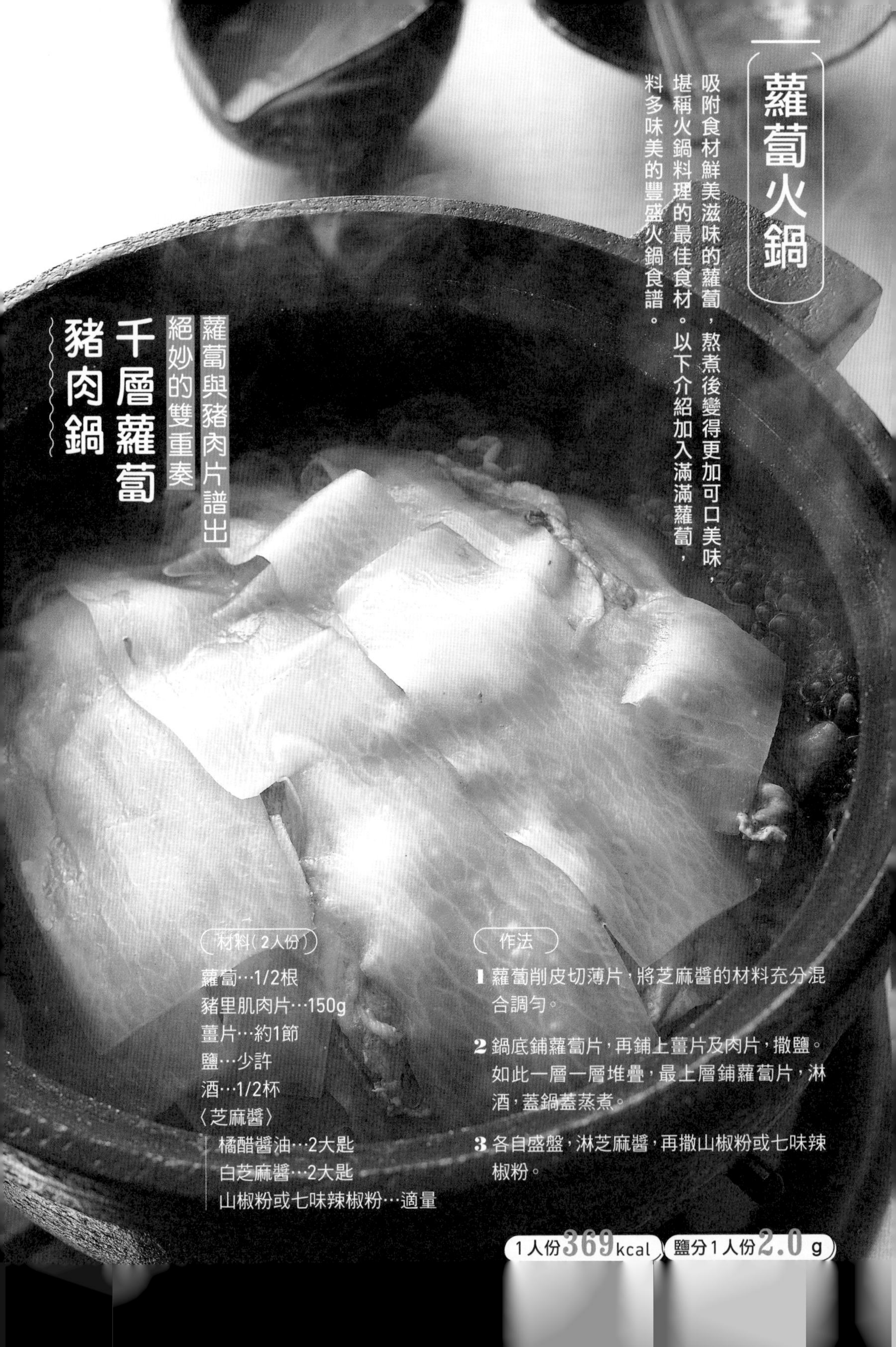

蘿蔔火鍋

吸附食材鮮美滋味的蘿蔔，熬煮後變得更加可口美味，堪稱火鍋料理的最佳食材。以下介紹加入滿滿蘿蔔，料多味美的豐盛火鍋食譜。

蘿蔔與豬肉片譜出絕妙的雙重奏

千層蘿蔔豬肉鍋

材料（2人份）

蘿蔔…1/2根
豬里肌肉片…150g
薑片…約1節
鹽…少許
酒…1/2杯
〈芝麻醬〉
　橘醋醬油…2大匙
　白芝麻醬…2大匙
　山椒粉或七味辣椒粉…適量

作法

1 蘿蔔削皮切薄片，將芝麻醬的材料充分混合調勻。

2 鍋底鋪蘿蔔片，再鋪上薑片及肉片，撒鹽。如此一層一層堆疊，最上層鋪蘿蔔片，淋酒，蓋鍋蓋蒸煮。

3 各自盛盤，淋芝麻醬，再撒山椒粉或七味辣椒粉。

1人份369kcal　鹽分1人份2.0g

濃醇湯底，彰顯蘿蔔的甘甜

蘿蔔鮭魚味噌鍋

材料（2人份）

蘿蔔⋯1/2根	香菇⋯4朵
生鮭魚排⋯2片	奶油⋯1大匙
長蔥⋯1根	高湯⋯2又1/2杯
鴻喜菇⋯1袋	味噌⋯3～4大匙

作法

1 蘿蔔以刨刀削皮後，順勢以削皮技巧將蘿蔔削成長條薄片。鮭魚排切成易入口的大小，長蔥斜切成蔥段，鴻喜菇剝小朵，香菇剪去與段木連接處的黑蒂頭。

2 鍋中放入奶油開火，奶油開始融化，便可放入鮭魚煎燒。

3 加高湯，快速煮滾後，加蘿蔔、蔥段、鴻喜菇、香菇燉煮。食材全數熟軟，溶入味噌後即可食用。

1人份 272 kcal　鹽分1人份 2.8 g

蘿蔔泥與蘿蔔絲的蘿蔔大合奏

雪見鍋

材料（2人份）

蘿蔔⋯2/3根
生鮮鱈魚排⋯2塊
水菜⋯1束
昆布⋯15×5cm大小1片
橘醋醬油⋯適量
萬能蔥蔥花⋯適量

作法

1 鱈魚切成易入口的大小。蘿蔔削皮後，一半切絲，一半磨蘿蔔泥。水菜切碎備用。

2 於鍋中放入昆布及三杯水，稍微靜置後開火。加入鱈魚，蘿蔔絲煮滾。

3 鍋中材料熟透後，加水菜及蘿蔔泥，再稍微滾一下。各自盛盤，淋橘醋醬油，撒上蔥花。

1人份 183 kcal　鹽分1人份 2.4 g

蘿蔔乾食譜

蘿蔔乾，一種濃縮蘿蔔所有甘美與營養的健康食材。以下介紹令人忍不住加入每日菜單的新食感食譜。

菜脯蛋
與蛋超級絕配的新招牌菜色

【材料（2人份）】

蘿蔔乾…20g
蛋…4顆
鮪魚罐頭…1小罐
萬能蔥…5根
起司粉…2大匙
鹽、胡椒粉…各少許
奶油…1大匙

【作法】

1. 蘿蔔乾泡水還原後擠出水分，切成2cm長度。鮪魚過濾罐頭湯汁，剝鬆。萬能蔥切成蔥花。

2. 將蛋打入調理碗中，撒蔥花、起司粉、鹽、胡椒粉攪拌均勻。

3. 平底鍋熱奶油，拌炒蘿蔔乾及鮪魚，倒入2的蛋液，稍微混拌。煮到半熟狀態後，關小火，蓋鍋蓋悶煮3～4分鐘，燒出漂亮金黃色後，翻面繼續煮約兩分鐘，使中心熟透。

1人份 302 kcal　鹽分1人份 1.8 g

醬炒蘿蔔乾
口感類似炒麵的健康食譜

【材料（2人份）】

蘿蔔乾…20g
胡蘿蔔…2cm
培根…2片
沙拉油…1小匙
伍斯特醬、蠔油…各1/2大匙
鹽、胡椒粉…各少許
海苔粉…適量

【作法】

1. 蘿蔔乾泡水還原後擠出水分，切成易入口大小。胡蘿蔔切成短條薄片，培根切絲。

2. 平底鍋加沙拉油熱鍋炒培根，培根出油後，加蘿蔔乾、胡蘿蔔仔細翻炒。

3. 加伍斯特醬、蠔油拌炒均勻，最後以鹽、胡椒粉調味，撒海苔粉。

1人份 144 kcal　鹽分1人份 1.6 g

韓式蘿蔔乾拌沙拉
享受蘿蔔乾與小黃瓜的脆嫩口感

【材料（2人份）】

蘿蔔乾…20g
小黃瓜…1/2根
松子（熟）…10g
〈拌醬〉
　醬油…1/2大匙
　辣油…1大匙
　醋…1大匙
　鹽…少許
　蒜蓉…少許

【作法】

1. 蘿蔔乾泡水還原後擠出水分，切成易入口大小。小黃瓜切粗絲，撒少許鹽（額外份量）抓醃，稍微沖洗後，擠出水分。

2. 於調理碗中放入拌醬材料混拌，再加入1及松子拌勻。

1人份 127 kcal　鹽分1人份 1.3 g

108

蘿蔔的實用常備菜

提起蘿蔔，就不可不提醃蘿蔔！方便保存，又能品嘗各種風味，
下酒菜、便當配菜、茶點……，每天都能享用！

鹽漬蘿蔔

鹽味襯托出蘿蔔
最單純的美味

蜂蜜柚漬蘿蔔

以柚子皮增添香氣

蜂蜜柚漬蘿蔔

（材料（方便製作的份量）

蘿蔔…1/2根
〈浸漬醬汁〉
蜂蜜…4大匙
醋…1/2杯

鹽…1小匙
昆布絲…約5cm長
柚子汁…約1顆
柚子皮切絲…約1/4顆

（作法）

1 蘿蔔削皮，切成粗條。準備一鍋加少許鹽（額外份量）的滾水，汆燙蘿蔔條。

2 另起一鍋，加入浸漬醬汁的蜂蜜、醋、鹽、昆布，稍微煮滾後移開火源，加進柚子皮及柚子汁。

3 於保存容器放入瀝乾水分的**1**，倒入**2**，偶爾晃動容器，浸漬一晚使其入味，可保存四至五天。

總熱量 **200** kcal　　總鹽分 **12.0** g

鹽漬蘿蔔

（材料（方便製作的份量）

蘿蔔…1/2根
鹽…1大匙（蘿蔔重量的3%）

（作法）

1 蘿蔔削皮，切成短條薄片。

2 將蘿蔔片放入保鮮袋，加鹽，用手仔細搓揉。

3 鹽分入味後，倒入保存容器中，醃漬一晚使其入味，可保存四至五天。

總熱量 **108** kcal　　總鹽分 **11.9** g

柴魚醬漬蘿蔔

便當配菜也十分推薦

材料（方便製作的份量）

蘿蔔…1/2根
〈浸漬醬汁〉
　薄鹽醬油…1/2杯
　味醂…1/2杯
　酒…2大匙

水…1杯
紅辣椒…1根
柴魚片…2小袋

作法

1　蘿蔔連皮滾刀切成適口大小，放入耐熱保鮮袋中。

2　將浸漬醬汁材料放入鍋中，煮滾後倒入中。

3　等醬汁降溫後，倒入保存容器中，醃漬一晚使其入味，可保存四至五天。

總熱量 **252** kcal　總鹽分 **4.4** g

韓式蘿蔔泡菜

衝擊性的美味，令人忍不住上癮

材料（方便製作的份量）

蘿蔔…1/2根
鹽…1大匙（蘿蔔重量的3%）
〈泡菜醬〉
　蒜泥…1小匙
　薑泥…1/2小匙
　粗辣椒粉…2大匙
　白芝麻粉…1大匙
　蜂蜜…1大匙
　鹽…2/3小匙

作法

1　蘿蔔削皮切成1.5cm方塊，放入調理碗中加鹽抓醃。

2　將泡菜醬料放入保鮮袋中混勻，蘿蔔擠出水分後放入袋中。

3　整袋揉捏混勻後，倒入保存容器中，浸漬一晚使其入味，可保存四至五天。

總熱量 **279** kcal　總鹽分 **4.4** g

梅酒漬蘿蔔

酸酸甜甜的梅香，令人胃口大增！

（材料（方便製作的份量）

蘿蔔…1/2根
鹽…1大匙（蘿蔔重量的3%）
昆布絲…少許
紅辣椒（去籽）…1根
梅酒…2/3杯
醋…1/3杯

（總熱量 **164**kcal）（總鹽分 **8.9** g）

（作法）

1 蘿蔔削皮，切成極薄的圓形薄片，加鹽醃製一晚，做成鹽漬蘿蔔。

2 擠出1的水分，放入保存容器中，加入昆布、紅辣椒、梅酒、醋，醃漬一晚使其入味，可保存六至七天。

芝麻醬油漬蘿蔔

蘿蔔曬半乾，美味更濃縮

（材料（方便製作的份量）

蘿蔔…1/2根
〈浸漬醬汁〉
半研磨白芝麻粒…4大匙
醬油…1/2杯
砂糖…1大匙
醋…4大匙
紅辣椒（去籽）…1根
芝麻油…1大匙

（作法）

1 蘿蔔連皮切成7～8mm厚的四分之一圓片，排放在竹籃上晾曬半天。

2 將浸漬醬汁的材料混合。

3 於保存容器中放入1，並將2倒入，偶爾搖晃容器，浸漬一晚漬使其入味，可保存四至五天。

（總熱量 **338**kcal）（總鹽分 **12.0** g）

蘿蔔葉食譜

蘿蔔葉含有豐富β胡蘿蔔素、維生素、鈣、鐵，不妨盡情應用在料理中！

蘿蔔葉肉燥炒飯

鹽味襯托出蘿蔔最單純的美味

材料（2人份）

蘿蔔葉…約1/2根葉量
豬絞肉…50g
蛋…2顆
沙拉油…2大匙
醬油…1大匙
酒…1大匙
白飯…300g
鹽、粗黑胡椒粉…各適量

作法

1. 蘿蔔葉快速用鹽水汆燙，擠出水分，切末。蛋打散，加少許鹽。
2. 平底鍋加1大匙沙拉油熱鍋，倒入1的蛋液炒至半熟後取出。
3. 將剩餘的油加入2的平底鍋中炒絞肉，將絞肉炒至鬆散後加醬油、酒，一邊快速拌炒一邊收汁，再加白飯及蘿蔔葉繼續翻炒。
4. 倒入半熟蛋混勻，撒適量鹽及粗黑胡椒粉。

1人份 513kcal ／ 鹽分1人份 2.2g

蘿蔔葉甜不辣味噌湯

加入滿滿的蘿蔔葉，增添清脆口感

1人份 88kcal ／ 鹽分1人份 2.3g

材料（2人份）

蘿蔔葉…約1/2根葉量
甜不辣…1片
高湯…1又3/4杯
味噌…1大匙滿匙
七味辣椒粉…少許

作法

1. 蘿蔔葉快速用鹽水（額外份量）汆燙，擠出水分，切成易入口的長度。甜不辣對半切，再全部切絲。
2. 鍋於鍋中加入高湯及甜不辣煮滾，加蘿蔔葉稍微滾一下，溶入味噌。盛盤，撒七味辣椒粉。

蘿蔔葉芝麻香鬆

方便保存，營養滿點的飯友香鬆

材料（方便製作的份量）

蘿蔔葉…約1/2根葉量
柴魚片…10g
醬油…1大匙
熟白芝麻粒…1大匙

作法

1. 蘿蔔葉快速用鹽水（額外份量）汆燙，擠出水分，切碎。將柴魚片混入醬油。
2. 耐熱盤上鋪烘培紙，將1平鋪其上，不封保鮮膜，以微波爐加熱約六分鐘。取出觀察，持續加熱至完全乾燥，最後再用手或湯匙壓碎，混入芝麻。

總熱量 181kcal ／ 總鹽分 3.0g

山藥

自古以來，山藥便被譽為長生不老藥，為人所重用。
可幫助消化、滋養強壯、消除疲勞。
讓我們善用山藥的健康功效，活力充沛地度過每一天！

利用豐富的消化酵素，
由內而外打造
健康體魄！

山藥

藥為薯蕷科薯蕷屬的蔓性多年生宿根植物，原產於中國雲南地區，據傳自公元前兩千年即被人視為優良藥材而加以重用。在中國，山藥去皮後曬乾稱為「山藥」（或稱准山），用於滋養強壯、止腹瀉等藥物材料。

山藥自中國經由朝鮮半島傳入日本後，便持續種植至今日。今日，除了長條狀的「長山藥」，日本各地還種植「銀杏山藥」、「佛掌薯」等各種形狀及大小的山藥。

除了自中國傳入的山藥品種，其他還有在日本及臺灣山區野生的「自然薯」，以及原產於南亞，日本主要種植於九州地區的「毛薯（參薯）」，兩者皆同樣擁有優異的營養價值。

黏性成分「黏蛋白」的強大威力

山藥作為食材最大的魅力所在，莫過於它不僅有助於消化，更可增強精力，其神秘力量來自黏性成分的「黏蛋白」。黏蛋白為水溶性膳食纖維，由糖與蛋白質組合而成。黏蛋白以其黏性保護消化器官的黏膜，改善腸道環境，因此亦有

望改善胃炎、胃潰瘍、便祕、預防大腸癌等。

此外，黏蛋白可抑制身體吸收過多的膽固醇，具清血作用、預防動脈硬化，亦有效預防感染。

這種黏性成分含有非常豐富的「澱粉糖化酶」等消化酵素。山藥自古便因滋養強壯作用而備受重視，正是因為黏蛋白可促進身體組織吸收消化不可或缺的蛋白質。此外，也多虧黏性成分中所含各種酵素的從旁協助，與山藥一起食用的食材營養都能為人體充分利用，因此食量較小的人也能獲得身體所需的營養素。

最近研究證實，山藥的另一種黏性成分「山藥儲藏性蛋白質」（dioscorin）可促進胰島素分泌，降低血糖，同時有助於減緩飯後血糖的上升。山藥儲藏性蛋白質具有

抗流行性感冒的作用，因此預防感冒效果也備受矚目。

膽鹼可預防失智症及動脈硬化

山藥另一種值得我們關注的成分是「膽鹼」。膽鹼為形成神經傳導物質「乙醯膽鹼」的重要材料，屬於一種水溶性維生素類似物，據說不僅可預防及改善阿茲海默症等失智症，亦有助於增強各年齡層的大腦功能。同時膽鹼也是「卵磷脂」的材料，卵磷脂可防止脂肪附著血管，亦可預防動脈硬化。

山藥還均衡含有維生素B群、維生素C、鉀、膳食纖維等營養素，自古便被視為長生不老藥而備受重用，也是唯一可生食的薯蕷。

COLUMN

利用比蘿蔔多三倍的消化酵素，消除疲勞！

山藥黏性成分中所含澱粉糖化酶（澱粉液化酶）等消化酵素，大約是蘿蔔的三倍，因此可大大幫助澱粉的消化吸收，促進胃腸功能活化。

黏性成分之一的黏蛋白可保護胃腸黏膜，促進蛋白質吸收，發揮滋養強壯的功效。過氧化氫酶、葡萄糖苷酶等酵素類亦有助於增強體力，消除疲勞，還能幫助同時吃下的食物的消化與吸收，更是令人驚喜。

然而，這些酵素不耐熱，因此生食為宜，此外透過細緻研磨，可增強其作用。

山藥 10種功效

山藥含有多種消化酵素，有助於補充精力。以下是山藥透過現代科學解析而逐漸明朗的健康功效。

功效 01　滋養強壯，補充精力

山藥含有豐富的澱粉、優良蛋白質及礦物質，再加上消化酵素「澱粉糖化酶」幫助消化，黏性成分「黏蛋白」保護胃黏膜，因此可有效吸收營養，亦有助於快速消除疲勞。

功效 02　降血糖，預防糖尿病

黏性成分之一的山藥儲藏性蛋白質，經證實可促進胰島素分泌，抑制血糖上升。在中藥上，亦認為山藥有助於改善糖尿病。

功效 03　降低膽固醇

黏蛋白為一種膳食纖維，可抑制身體吸收膽固醇，並將之排出。飲食上偏重攝取肉類及油膩食物的人，不妨試著積極多吃山藥。

功效 04　改善高血壓

山藥含有鉀，可促進鈉排出，保持血壓穩定，此外亦含有膽鹼，可形成乙醯膽鹼，有助於擴張血管，降低血壓。

預防失智症

山藥含有「膽鹼」，其為製造大腦神經傳導物質乙醯膽鹼的材料。據悉，大腦中膽鹼的增加，有助於防止記憶力變差。

預防大腸癌、便祕

黏性成分的黏蛋白為一種水溶性膳食纖維，可保護腸道黏膜，清潔腸道環境。山藥亦含有非水溶性膳食纖維，所以亦可預防便祕，預防大腸癌發生。

提升新陳代謝

膽鹼可促進細胞新陳代謝，幫助皮膚及血管恢復活力。山藥亦富含維生素B群及維生素C，可保持頭髮及皮膚健康，因此亦被稱為「回春薯」。

預防流行性感冒

現已證實，山藥中所含山藥儲藏性蛋白質的成分可預防流行性感冒。黏性成分的黏蛋白亦可強健喉嚨和鼻子的黏膜，有效預防感染。

消除浮腫

山藥含有皂苷，具有利尿作用，消除浮腫。此外，就中醫角度來看，山藥可溫熱身體，因此可有效改善手腳冰冷、浮腫、腰痛、頻尿、生理痛等。

幫助胃腸功能

山藥可生食，因此無損含量豐富的澱粉糖化酶（澱粉液化酶）等消化酵素的作用，幫助抑制胃脹，黏蛋白亦有保護虛弱胃腸黏膜的作用。

山藥的營養烹飪技巧Q&A

人稱有助於滋養強壯的山藥，這裡有一些烹飪技巧，讓你不僅可美味享用，更能有效攝取山藥營養。

Q 如何烹煮山藥，最能有效攝取營養？

A 生食最有效，涼拌、沙拉、山藥泥等都十分推薦。

山藥的特徵在於澱粉液化酶等澱粉分解酵素及過氧化氫酶等酵素含量豐富，這些成分可幫助消化，促進營養吸收。然而，消化酵素不耐熱，加熱會使其作用減弱，因此生食最佳。除了山藥泥以外，亦可多些創意，打碎做成涼拌，或切絲做沙拉。

Q 山藥的生食與熟食，在營養及美味上有何不同？每天應攝取多少份量？

A 就營養而言，生食比熟食更佳，但兩者的美味及口感各有特色。

若只論營養層面，答案是山藥生食為宜。因為山藥中的消化酵素不耐熱，且山藥富含的鉀、維生素C、維生素B群為水溶性。

不過如果是每天攝取，也十分推薦加熱調理。山藥加熱後鬆軟綿密的口感，與生食的清脆感截然不同。

目前尚無資料顯示山藥的每日建議攝取量，不過薯蕷類的建議攝取量一般是100g。因此，建議根據與馬鈴薯、里芋、番薯等其他薯蕷類合計100g的建議攝取量來食用。

Q 山藥建議削皮再食用嗎？

A 可依料理或喜好來決定。

其實山藥只要清洗乾淨，皮也可以吃，所以不妨根據菜色來決定削皮與否。

生食時，削皮後的口感較佳，但如果是炸、蒸等烹煮調理，連皮吃也無妨。尤其油炸時，連皮可確保鮮味不散，風味更佳。削皮後，黏性成分會增加烹飪上的不便，連皮反而方便處理。

Q A

長山藥與山芋，個別適合何種料理？

長山藥適合沙拉、涼拌及加熱調理，山芋則較適合磨成泥。

長山藥的黏性成分含量比山芋少，因此適合切絲做沙拉，或打碎做拌菜，口感清爽；磨成泥加入什錦燒，則可增加蓬鬆感。

山芋黏性強，味道濃郁，因此加高湯做成山藥泥湯，可以充分享受山藥的香濃美味。山芋磨泥加入味噌湯，或用油炸等加熱調理，會有如麻薯一般綿密彈牙的口感，帶來有別於長山藥的味覺感受。

Q A

山藥應如何保存？可以冷凍嗎？

應保存在陰涼黑暗處或冷藏的蔬菜室，若有剩餘未用盡，可磨泥後冷凍保存。

整根山藥可用報紙包裹後，存放陰涼黑暗處。真空包裝，或切開的山藥塊則應用保鮮膜包覆切口處，保存於冰箱冷藏的蔬菜室。調理時如有剩餘未用盡的部位，可磨泥後放冷凍保存袋，冷凍保存，使用時自然解凍即可。冷凍山藥泥雖然不比生鮮時美味，但用於製作什錦燒倒也夠用，營養價值幾乎不變。

Q A

建議山藥與肉類或魚類一起食用嗎？為什麼吃山藥泥，一下子就有飽足感？

山藥與白飯、肉類及魚類堪稱絕配，可有效預防胃脹。

長山藥及山芋皆含有澱粉分解酵素「澱粉液化酶」，配澱粉（碳水化合物）含量多的白飯，再適合不過。此外，黏蛋白的黏性成分可保護胃壁免受胃酸損害，協助胃部消化活動，因此搭配肉類及海鮮，同樣效果極佳。

至於吃山藥泥或山藥麥飯，之所以會立即有飽足感，或很快感覺飢餓，推測是因為長山藥及山芋的膳食纖維與水分造成胃飽滿，而消化酵素有助於加快消化所致。

Q A

零餘子含有哪些營養成分？可以如何調理？

零餘子富含澱粉及膳食纖維，可炸、可炒，運用廣泛。

零餘子、長山藥及山芋同樣含有豐富的澱粉及膳食纖維，只是零餘子必須煮熟不可生食，所以無法期待消化酵素的功效，但因連皮使用，所以無損其他營養成分。

零餘子與白飯一起蒸煮或直接裸炸，澱粉會變得鬆軟綿密，也能品嘗到零餘子的甜味；或可細火慢煎，將表皮煎得酥脆焦香，裡面鬆軟香甜。如欲快速拌炒或做成拌菜，可事先水煮處理。

山藥全利用食譜

山藥亦可生食，但如果是每天吃，加熱調理也十分推薦。
以下是山藥天然原味的美味食譜。

香煎山藥

培根的焦香，
讓美味瞬間倍增

材料（2人份）

山藥…20cm
培根（丁）…100g
橄欖油…1大匙
粗黑胡椒粉…少許

作法

1. 長山藥削皮，縱切成四等分。培根切成寬一公分、長三公分的長條塊。

2. 平底鍋加橄欖油熱鍋，慢煎培根，煎出油脂後，加入山藥，煎至表皮呈均勻的金黃色。盛盤，撒粗黑胡椒粉。

1人份 **401** kcal　鹽分1人份 **1.0** g

120

山藥

酥炸山藥

連皮一起炸，更香、更甜、更鬆軟！

山藥

材料（2人份）

山藥…20cm
油炸油…適量
粗鹽…適量
檸檬瓣…2塊

作法

1 山藥洗淨，連皮縱切四等分。

2 鍋中倒油炸油加熱至170℃，放入1，炸至金黃色。

3 瀝油後盛盤，佐以粗鹽及檸檬片。

1人份 185 kcal　鹽分1人份 1.0 g

烤得恰到好處、香氣四溢，內層鬆軟綿密！

山藥

材料（2人份）

山藥…20cm
橄欖油…適量
〈莎莎醬〉
　番茄…1顆
　巴西利末…1/2大匙
　芹菜末…約1/8根
　洋蔥末…約1/8顆

蒜泥…少許
鹽…1/4小匙
粗黑胡椒粉…少許
橄欖油…1大匙

作法

1 山藥削皮，於鋁箔紙上塗少許橄欖油（額外份量），將山藥排放於紙上，淋橄欖油，包起鋁箔紙封口。

2 將1放在烤盤上，以250℃放入烤箱烤約四十五分鐘。

3 製作莎莎醬。番茄以滾水燙皮去皮後，去籽切碎。除了橄欖油以外，將番茄與所有莎莎醬材料放入調理碗中拌勻，再淋橄欖油，暫時靜置備用。

4 將2分切後盛盤，佐以3即可上桌。

1人份 247 kcal　鹽分1人份 0.8 g

山藥威力升級食譜

山藥可生食或磨成泥。燉煮、焗烤、可樂餅⋯⋯
山藥也可以像馬鈴薯一樣靈活運用。

香烤山藥雞翅

山藥的濃郁，令人忍不住讚不絕口！

材料（2人份）

山藥⋯10cm
雞翅⋯6支
〈雞翅調味〉
　鹽、胡椒粉⋯各少許
　橄欖油⋯1大匙
鹽、粗黑胡椒粉⋯各適量
迷迭香⋯1枝
橄欖油⋯3大匙
檸檬瓣⋯適量

作法

1. 雞翅順雞骨方向劃一刀，撒調味用的鹽、胡椒粉，淋橄欖油，抹勻備用。

2. 山藥削皮滾刀切大塊，撒鹽及粗黑胡椒粉。

3. 將1及2放入耐熱容器中，撒滿迷迭香，淋2大匙橄欖油，以200℃烤箱烤約十分鐘，暫時取出淋1大匙橄欖油，放回烤箱，以250℃再烤約十分鐘。

4. 盛盤，並佐檸檬片。

1人份**367**kcal 鹽分1人份**1.0**g

巴薩米克醋香煎山藥豬肉捲

豬肉的肉香令美味倍增！

山藥

材料（2人份）

山藥…10cm
豬肉片…6片
鹽、粗黑胡椒粉…各少許
醬油…1大匙

巴薩米克醋…1大匙
味醂…1大匙
橄欖油…1大匙
西洋菜…1束

作法

1 山藥削皮，切成六等分的山藥條。

2 將肉片鋪平，撒鹽及粗黑胡椒粉，每片包捲一條山藥。

3 醬油、巴薩米克醋、味醂事先調勻。

4 平底鍋加橄欖油熱鍋，將2平鋪鍋上，適時翻面煎燒，倒入3使肉捲均勻沾滿醬汁。

5 佐以西洋菜裝飾盛盤。

1人份 385kcal ｜ 鹽分1人份 1.9g

山藥可樂餅

利用雞絞肉與長蔥，做出爽口輕食

材料（2人份）

山藥…10cm
雞絞肉…100g
長蔥蔥末…約1/2根
沙拉油…1/2大匙
鹽、胡椒粉…各少許

〈麵衣〉
麵粉、蛋液、麵包粉
…各適量
油炸油…適量
紅葉萵苣…適量
〈醬料〉
番茄醬、美乃滋
…各1大匙

作法

1 山藥削皮，切成適當大小。封上保鮮膜，以微波爐加熱約三分鐘。山藥熟軟後取出，以擀麵棍等搗碎。

2 平底鍋加沙拉油熱鍋，加入蔥末及絞肉拌炒至肉變鬆散，取出放涼。

3 將2加入1中拌勻，撒鹽及胡椒粉，分四等分，塑形成橢圓形，依序均勻沾裹麵衣材料。

4 油炸油加熱至180℃，將3放入油中，炸至外皮酥脆。盛盤，手撕紅葉萵苣擺盤裝飾，將醬料的材料調勻，淋於可樂餅上。

1人份 440kcal ｜ 鹽分1人份 1.1g

中華蝦球炒山藥

材料（2人份）

山藥…10cm
蝦子（去頭帶殼）…8尾
〈蝦調味〉
　鹽…少許
　酒…1/2大匙
　太白粉…1小匙
　長蔥…1/2根
　薑…1/2節
〈調味醬料〉
　雞湯粉…1/2小匙
　溫水…1/2杯
　鹽…少許
芝麻油…1又1/3大匙

作法

山藥削皮，切成1cm厚的半圓薄片。蝦去殼去尾，背劃一刀，去腸泥，撒調味用的鹽及酒，沾抹太白粉。長蔥斜切薄片，薑切絲。將調味醬料的材料混合。

2 平底鍋倒1小匙芝麻油，蝦仁炒至變色後取出備用。

3 平底鍋加1大匙芝麻油，加入蔥片、薑絲拌炒，加山藥繼續翻炒，所有食材均勻沾附油後，倒蝦仁回鍋。

4 加調味醬料，拌炒至收汁，可依喜好撒胡椒粉（額外份量）。

1人份 213kcal　鹽分1人份 1.6g

山藥螃蟹羹

高湯淡雅香氣，
調成口感滑順的羹湯

〔材料（2人份）〕

山藥…10cm
螃蟹罐頭
　…1/2罐（90g）
高湯…2杯
薄鹽醬油…1大匙
味醂…1大匙

酒…1大匙
鹽…少許
〈太白粉水〉
　太白粉1小匙+水1大匙
柚子皮切絲…適量

〔作法〕

1 山藥削皮，長度對半切後，再對半縱剖。

2 將螃蟹肉與湯汁分開。

3 於鍋中加入高湯、薄鹽醬油、味醂、酒、鹽、罐頭湯汁煮滾，加1繼續燉煮。

4 山藥熟透後先取出盛盤。

5 將蟹肉加入鍋中剩餘的煮汁中，再次開火煮滾後加入太白粉水勾芡，澆淋4中，並以柚子皮裝飾。

〔1人份130kcal〕〔鹽分1人份2.7g〕

焗烤山藥

加鮮奶油與起司，
烤一下即刻上桌

〔材料（2人份）〕

山藥…10cm
鹽、胡椒粉…各少許
鮮奶油…1/3杯
帕馬森起司
　（切絲或磨粉）…20g
肉豆蔻…少許

〔作法〕

1 山藥削皮切薄片，撒鹽、胡椒粉。

2 將1平鋪在耐熱容器中，繞圈淋入鮮奶油，撒帕馬森起司及肉豆蔻。

3 200℃的烤箱烤十分鐘，再將溫度調升至250℃烤三分鐘。

〔1人份271kcal〕〔鹽分1人份1.4g〕

山藥涼拌韓式泡菜

材料（2人份）

山藥…150g
韓式泡菜…80g
滑茸（瓶裝）…1大匙
芝麻油…1小匙
韓國海苔…1片

作法

1 山藥削皮，切成短條薄片。泡菜切碎。

2 調理碗中放入1及滑茸，加芝麻油拌勻。

3 盛盤，揉碎韓國海苔，撒上裝飾。

1人份 89 kcal ｜ 鹽分1人份 1.1 g

常見的山藥泥沙拉，加點創意，畫龍點睛

山藥拌明太子

材料（2人份）

山藥…150g
明太子…1/2條
鵪鶉蛋…2顆
萬能蔥蔥花…少許
醬油…少許

作法

1 山藥削皮放入塑膠袋中，以擀麵棒等敲碎。

2 明太子從薄膜中取出卵，加入1中混勻。

3 將2盛盤，打一顆鵪鶉蛋放中間，撒蔥花，淋上醬油後，攪拌食用。

1人份 88 kcal ｜ 鹽分1人份 0.9

山藥火腿沙拉

美乃滋口味，
出人意料的美味

材料（2人份）

山藥…150g
火腿（塊）…50g
小黃瓜…1/2根
顆粒芥末醬…1小匙
美乃滋…3大匙

作法

1 山藥削皮，切成8mm方塊。
　火腿、小黃瓜也切成差不多
　大小。

2 將1加入調理碗中拌勻，加
　顆粒芥末醬及美乃滋混拌
　均勻。

1人份 228kcal　鹽分1人份 1.1g

山藥拌納豆

健康美味的「牽絲」拍檔

材料（2人份）

山藥…150g
納豆…1盒
醬油…1小匙
橄欖油…1小匙
海苔細絲…適量

作法

1 山藥削皮，切成1cm方塊。

2 於調理碗中加入納豆、（若有）
　納豆隨附醬包、醬油、橄欖油混
　勻後，加入山藥混拌。

3 盛盤，撒海苔細絲。

1人份 124kcal　鹽分1人份 0.8g

山藥餅 平底鍋香煎

肚子有點餓時的小點心

1人份174kcal | **鹽分1人份1.4**

山藥泥菜單

以下介紹利用山芋或長山藥磨成泥後製作的菜餚！

〔材料（2人份）〕

山藥…200g
蛋…1顆
小魚干高湯…1/4杯
沙拉油…適量
萬能蔥蔥花…適量
醋醬油…適量

〔作法〕

1 山藥削皮磨成泥，與蛋、高湯混勻。

2 平底鍋加沙拉油熱鍋，用大湯勺將1倒入鍋中並塑形成圓形，兩面煎燒。

3 盛盤，撒蔥花，淋醋醬油。

〔材料（2人份）〕

山藥…15cm
〈雞肉丸〉
　雞絞肉…100g
　長蔥蔥末…約5cm長
　薑汁…少許
　酒…1小匙
　太白粉…1/2大匙
　鹽、胡椒粉…各少許
杏鮑菇…1袋

山芹菜…1束
〈煮汁〉
　高湯…5杯
　醬油…2大匙
　味醂…2大匙
　鹽…1/4小匙
七味辣椒粉…適量
萬能蔥蔥花…適量
薑泥…適量

〔作法〕

1 山藥削皮磨成泥。

2 將雞肉丸的材料攪拌均勻後，捏成一口大的丸子。杏鮑菇切成易入口的大小，山芹菜切碎。

3 於鍋中放入煮汁材料煮滾，依序放入雞肉丸、杏鮑菇熬煮。材料熟透後，加1，整體攪拌，稍微煮滾，放山芹菜。

4 各自盛盤，加薑泥，撒七味辣椒粉、蔥花。

山藥泥雞肉丸子鍋

做成山藥泥湯鍋，暖身又可口

1人份240kcal | **鹽分1人份2.3g**

山藥

酥炸山藥泥海苔

鬆軟的口感，柔韌彈牙！

材料（2人份）

山芋…150g
烤海苔…1片
油炸油…適量
天婦羅沾醬…適量
蘿蔔泥…1/2杯

※天婦羅沾醬以酒、味
醂、醬油各1大匙，加1/4
杯高湯煮滾來調製。

作法

1 山芋削皮磨成泥。

2 烤海苔切成八等分。

3 將1均分成八等分，分別塗
於每一海苔切片上捲起，以
180℃油炸油炸至膨脹。

4 盛盤，佐以天婦羅沾醬及蘿
蔔泥。

1人份 172 kcal ｜ 鹽分1人份 1.3 g

香烤山藥泥

點心般的口感令人驚嘆

材料（2人份）

山藥…10cm
蛋液…約1顆蛋
美乃滋…1大匙
醬油…1小匙
帕馬森起司（切絲或
磨粉）…2大匙

作法

1 山藥削皮磨成泥。

2 將1、蛋液、美乃
滋、醬油、帕馬森起司攪拌
均勻倒入耐熱容器中，以
250℃的烤箱烤十至十五分
鐘。

1人份 180 kcal ｜ 鹽分1人份 0.9 g

山芋泥丸味噌湯

高湯中隱約可見的
山芋泥丸分外可愛

材料（2人份）

山芋…150g
高湯…1又1/2杯
味噌…1大匙
萬能蔥蔥花…約1根

作法

1 山芋削皮磨成泥。

2 鍋中加高湯開火煮滾後，
以湯勺取適量1，分次倒入
鍋中。

3 山芋泥凝結成一球一球的
丸子後，溶入味噌，關火，
撒蔥花。

1人份 113 kcal ｜ 鹽分1人份 1.3

山藥的實用常備菜

山藥相對上容易入味，所以很適合即醃即食，
利用做菜用剩的山藥，便可隨手快速做出另一道美味佳餚。

醬漬山藥

當下飯配菜、小菜超適合

材料（方便製作的份量）

山藥…20cm
〈浸泡醬汁〉
　薄鹽醬油…1/2杯
　味醂…1/2杯
　酒…2大匙
　水…1杯
　紅辣椒（對半縱剖去籽）
　　…1根
　柴魚片…1袋

作法

1 山藥削皮，滾刀切成適口大
　小，快速汆燙後瀝乾水分。

2 將浸漬醬汁的材料放入耐
　熱調理碗中混拌，以微波爐
　加熱約兩分鐘，使酒精充分
　揮發。

3 將1放入保存容器中，倒入
　2，冷藏浸漬約半天。冷藏
　可保存四至五天。

總熱量 319 kcal　總鹽分 8.8 g

梅醋漬山藥

梅醋的酸味
令人精神一振！

材料（方便製作的份量）

山藥…20cm
〈浸漬醬汁〉
　紫蘇梅醋…3大匙
　味醂（煮沸過）…2大匙

作法

1 山藥削皮，切成易入口的長條塊。

2 將浸漬醬汁的材料混合。

3 將1放入保存容器中，倒入2，冷藏
　浸漬約半天即可食用。冷藏可保存
　四至五天。

總熱量341kcal　總鹽分8.8g

味噌漬山藥

入味的味噌，香甜甘美

材料（方便製作的份量）

山藥…20cm
〈味噌醬〉
　味噌…360g
　味醂…4大匙

作法

1 山藥削皮對半切成一半長度，
　再對半縱剖。

2 將味噌醬的材料混勻。

3 將一半味噌醬倒入保存容器中
　整平，放入1再倒入剩餘的一半
　醬料，放入冷藏浸漬約七小時。
　冷藏可保存三至四天。食用時
　切薄片。

總熱量286kcal　總鹽分16.7g

醃漬酸山藥

西餐時的小配菜

〔材料（方便製作的份量）〕

山藥…20cm
〈醃汁〉
　葡萄酒醋…1又1/2杯
　水…3杯
　砂糖、鹽…各2大匙
　黑胡椒粒…10顆
　月桂葉…1～2片

〔作法〕

1 山藥削皮，切成1.5cm方塊，快速汆燙後瀝乾水分。

2 將醃汁材料放入鍋中開火，煮滾後放涼。

3 將**1**放入保存容器中，倒入**2**，冷藏醃漬約半天。冷藏可保存四至五天。

總熱量 **303** kcal　　總鹽分 **8.8** g

芥末醬漬山藥

成熟洗鍊的大人滋味

〔材料（方便製作的份量）〕

山藥…20cm
〈浸漬醬汁〉
　顆粒芥末醬…2大匙
　薄鹽醬油…1/2杯
　蘋果醋…1/2杯
　水…1/2杯
　橄欖油…1小匙

〔作法〕

1 山藥削皮切成1cm厚的圓片，快速汆燙後瀝乾水分。

2 將浸漬醬汁材料倒入保存容器中混勻，加**1**，冷藏浸漬約半天。冷藏可保存四至五天。

總熱量 **305** kcal　　總鹽分 **8.8** g

昆布熟成山藥

與芥末醬油搭配超對味

材料（方便製作的份量）

山藥…10cm
昆布…適量
酒…1/4杯

作法

1 山藥削皮，縱切成5mm厚切片。

2 昆布抹酒，靜置十五分鐘，使其變軟。

3 將2的一片昆布平鋪於保存容器中，山藥排放其上，再鋪上另一片昆布。最上方用盤子等當重物加壓，放入冷藏保存兩小時以上，使其入味。食用時切成適中大小。冷藏可保存二至三天。

總熱量 **148** kcal　總鹽分 **0.2** g

長山藥

市面上最常見的山藥種類，水分豐富、黏性低，方便烹飪，為其大受歡迎的魅力所在。

銀杏山藥

外形猶如銀杏葉一樣扁平，黏性強。在關東地區以「大和芋」的名稱流通市面。

零餘子

秋末至冬初生長於山藥葉腋處的粒狀芽，營養成分與山藥相同。

薯蕷家族

都有益身體健康！

全世界有數十種可食用的薯蕷屬（Dioscorea）植物，在日本，主要種植三大品種：山藥類、自然薯、毛薯，各地種植了多種極富地區特色的薯蕷。儘管外形或黏性強度各有不同，但在健康功效方面並無太大差異。

自然薯

據說外形愈是彎彎曲曲，黏性愈強，愈滋養。

佛掌薯

直徑約10cm、相當於拳頭大小的外形，特色是黏性強。在關西地區亦稱「大和芋」。

零餘子食譜

小小的芽球中富含多種營養，
吃了令人精神充沛！

零餘子飯

清淡鹽味，襯托出零餘子最原始的馨香

材料（4人份）

零餘子…100g
米…2米杯
水…適量
鹽…1小匙
酒…2大匙
昆布…5×10cm大小1片

作法

1. 米洗淨後，以濾網瀝乾水分備用，零餘子洗淨瀝乾水分。
2. 將米倒入電子鍋中，將水加至兩米杯的刻度，再從中取出2大匙水，加鹽及酒，放入零餘子及昆布，依一般程序煮飯。
3. 飯蒸熟後，取出昆布，粗略混拌。

零餘子拌核桃味噌

偏甜的核桃味噌，鬆軟口感咀嚼出甜蜜滋味

材料（2人份）

零餘子…100g　　味醂…2小匙
核桃…8顆　　　　砂糖…1小匙
味噌…1又1/2大匙

作法

1. 準備一鍋加少許鹽（額外份量）的滾水，零餘子快速洗淨後，以滾水滾燙至內部熟透。核桃炒熟後切成粗粒。
2. 用研缽磨碎核桃，加味噌、味醂、砂糖，邊磨邊混拌，最後加1拌勻。

零餘子拌炒培根

醬油的提味效果是美味的關鍵

材料（2人份）

零餘子…100g
培根（丁）…50g
橄欖油…1/2大匙
醬油…少許
鹽、粗黑胡椒粉…各少許

作法

1. 零餘子洗淨後瀝乾水分，培根切成厚一點的碎丁。
2. 平底鍋加橄欖油熱鍋，將1全數放入鍋中拌炒，食材整體裹滿油脂後，蓋鍋蓋，轉小火悶燒至食材熟透。
3. 掀蓋使水分蒸發，最後以醬油、鹽、粗黑胡椒粉調味。

青花菜

青花菜含有豐富的維生素、礦物質，
亦富含延緩老化不可或缺的抗氧化成分，
具有傑出的排毒作用，可幫助我們保護身體。

優質的排毒作用，
能保護身體，免受
生活習慣病或癌症侵害

青

花菜與高麗菜、蘿蔔及白菜等同樣為十字花科蔬菜，其中青花菜與高麗菜為近親，據悉都是由原生於地中海沿岸地區的甘藍改良而來。甘藍於西元前開始種植，隨著品種改良的發展，捲葉結球生長的品種為高麗菜，花蕾大朵生長的品種即為青花菜。

青花菜雖然自明治初期便傳入日本，但直到近期，人們對它的需求才有所增長。

進入一九八〇年代後不久，黃綠色蔬菜的重要性受到眾人矚目。青花菜因方便調理，無怪味又好入口，因此從眾多黃綠色蔬菜脫穎而出，廣為普及。

青花菜是維生素及礦物質的寶庫

青花菜最大的營養魅力，便是富含維生素及礦物質。尤其維生素C含量之豐富，在眾多蔬菜中名列前茅。每一百克生青花菜中所含維生素C約為檸檬的兩倍。

一百克生青花菜中含有約八百微克的β胡蘿蔔素，雖然遠不及胡蘿蔔及菠菜，但青花菜每次食用的量多，且容易入口，堪稱是β胡蘿蔔素的優良供給來源。

136

此外，青花菜均衡的營養成分中，還包括維生素K、葉酸、維生素B$_1$、B$_2$等維生素，以及鉀、鐵、鋅等礦物質，且預防生活習慣病十分重要的膳食纖維含量也十分豐富。此外，最近的研究亦顯示青花菜擁有強大的抗氧化成分，這對排除致癌物質的毒素及預防老化至關重要。

豐富的植化素，正適合預防生活習慣病

富含植化素，也是青花菜可靠的另一特色。植化素是植物所具備的抗氧化成分，而青花菜含有多種植化素。

譬如「槲皮素」便是其中之一。槲皮素是多酚成員之一，據悉可保持血液通暢，預防動脈硬化。

此外，「葉黃素」為一種類胡蘿蔔素，對維持眼睛正常功能十分重要。另具有「蘿蔔硫素」強大的解毒作用，備受眾人矚目。

十字花科蔬菜原本即富含硫化合物「異硫氰酸鹽」，可抑制消化系統方面的癌症、肺癌及肝癌等作用也是眾所周知。蘿蔔硫素也是異硫氰酸鹽的一種，其抗癌作用及抗氧化作用亦受到關注。如今動物實驗亦已證實，蘿蔔硫素可分解致癌物質的毒素，使其變無毒。

順帶一提，青花椰菜苗（青花菜的新芽）含有非常豐富的蘿蔔硫素，因此成為備受大眾關注的健康食材。

COLUMN

充滿生命泉源的青花椰菜苗

菜苗是指剛發芽不久的新芽。植物的種子中蘊含著滿滿創造新生命的能量，隨著種子發芽，原本沉睡的能量，一次性爆發，大量生成生長所需的各種營養成分。也因此，一株小小的新芽中，富含了人體健康所需的多種成分。

其中，青花椰菜苗因具有抑制癌症的強大功效而聲名大噪。據說，菜苗所含蘿蔔硫素，最多可高達成熟青花菜的二十倍，此外亦含有GABA（譯注：γ-氨基丁酸，大腦內重要神經傳導物質），有益於改善高血壓及動脈硬化。因此，為了有效獲得青花菜的健康功效，不妨多加食用青花椰菜苗。

青花菜
10種功效

青花菜擁有維持健康不可欠缺的營養成分，可分解導致老化、生病根源的有害物質毒素，因而廣受矚目。以下介紹青花菜在黃綠色蔬菜中出類拔萃的健康功效。

功效 01
增強免疫力

青花菜含有許多增強免疫力的成分，諸如蘿蔔硫素可分解有害成分導致癌症及衰老的毒素、維生素C加強抵抗力、β胡蘿蔔素保持黏膜健康等。

功效 02
預防老化，美白肌膚

維生素C可抑制紫外線引起的活性氧產生，促進膠原蛋白生成。膠原蛋白是一種建構皮膚、軟骨等細胞間結合組織的成分，而青花菜正含有非常豐富的維生素C。

功效 03
強化肝功能，預防癌症

現已證實，青花菜中所含蘿蔔硫素可有效改善肝功能，並可促進解毒致癌物質的酵素活化，排除恐導致胃潰瘍及胃癌的幽門螺旋桿菌。

功效 04
幫助血糖恢復正常

青花菜中的膳食纖維可抑制身體吸收糖分，抑制血糖上升，β胡蘿蔔素可促進碳水化合物的代謝，鈣質可增強胰島素的作用，這些都有望預防糖尿病。

功效 08 有益減重

青花菜中所含維生素B_2可幫助脂質及碳水化合物代謝，維生素B_6可促進蛋白質代謝，幫助能量燃燒更順暢，再加上青花菜算是份量結實的蔬菜，可防止食用過量。

功效 09 預防骨質疏鬆症

青花菜富含維生素K，有助於鈣質沉積成骨質，同時可預防鈣質從骨格溶出，因此可預防骨質疏鬆症，其治療效果備受矚目。

功效 10 鉀的成分可預防高血壓

為了預防高血壓，攝取足夠的鉀非常重要，因為鉀可控制鹽分攝取，且能將多餘鹽分排出，而青花菜便是可輕鬆攝取鉀的來源。

功效 05 預防貧血

青花菜含有非常豐富的葉酸，這對紅血球增長十分重要；且含有豐富的鐵質及可促進鐵吸收的維生素C，如果與具有造血作用的維生素B_{12}一同攝取，有助於預防貧血。

功效 06 促進胃腸功能恢復正常

青花菜中所含膳食纖維可改善腸道環境，維生素U可調整胃酸分泌，修復損傷的胃黏膜及十二指腸黏膜，緩解胃酸過多造成的胃不適。

功效 07 保護血管健康

葉酸對細胞的新陳代謝十分重要；蘿蔔硫素可保護血管，抑制細胞損害；膳食纖維可防止膽固醇吸收，這些成分都可有效預防血管老化。

青花菜的營養烹飪技巧 Q&A

青花菜擁有最高等級的健康功效。以下介紹青花菜的烹飪技巧，既可充分利用不浪費，還能美味攝取完整的營養成分。

Q 如何調理青花菜，最能有效攝取營養？每天應食用多少份量？

A 熟食最有效，尤其建議用油調理。

雖然青花菜亦可生食，但加熱後香甜倍增，可以吃更多。青花菜的營養素中，胡蘿蔔素與油脂一起食用較能提高吸收率，因此建議炒、炸等調理方式。食用水煮青花菜時，也建議混拌醬料或美乃滋，不過維生素C不耐熱，所以留意不要煮過久。至於膳食纖維，不會因加熱調理而流失。

黃綠色蔬菜一日建議攝取量為120g，將青花菜納入合併計算即可。本書中使用的青花菜一顆約240g。

Q 青花菜梗也有營養嗎？怎麼調理才會好吃？

A 青花菜梗也有營養，建議快速汆燙後再烹飪。

目前尚無相關的正確數據，但青花菜梗含有膳食纖維及維生素C，且含量雖然可能不及花蕾，但亦含有胡蘿蔔素。

食用時，建議將菜梗四周的硬皮厚削一層，切成易入口大小，快速汆燙，便可用來製作美味佳餚。除了炒菜、拌菜，亦可醃漬生食。

Q 青花菜怎麼燙才好吃？

A 準備一大鍋滾水汆燙，燙熟後取出瀝乾水分放涼，不要泡在滾水裡。

如果要剝成小朵，建議準備一大盆的水，浸泡二至三分鐘，並以流動水沖洗，以便去除花蕾中的小蟲及灰塵。接著準備一大鍋滾水，燙一分半至兩分鐘，以濾網瀝乾水分，平鋪分散，使其加速冷卻。如果用少量的滾水燙大量青花菜，會造成滾水溫度下降，拉長汆燙的時間。此外，泡冷水反而會導致花蕾吸水變得軟爛，應盡量避免。一公升滾水加1小匙鹽，可使青花菜保持翠綠，也能作為預先調味。

Q：青花菜應如何保存？有哪些方法可以儲存久一點？

A：建議汆燙後瀝乾水分，再冷藏或冷凍保存。

生鮮保存時，可用保鮮膜包覆或裝塑膠袋中密封，菜梗向下放入冰箱冷藏的蔬菜室保存，盡量在花蕾變色前用完。

此外，亦可汆燙後保存。此時，考慮日後再加熱的需求，不用燙得太熟，確實瀝乾水分放涼後，再放入密封容器裡。冷藏可保存二至三天；如欲冷凍，則建議先平鋪放在淺盤上冷凍，之後再裝入冷凍用保存袋中，於冷凍庫保存，盡量在兩週內用完。

Q：青花菜打成蔬菜汁，也能獲取相同的營養嗎？

A：利用食物調理機，可同時攝取膳食纖維◎。建議立刻飲用。

利用食物調理機，可以同時攝取膳食纖維，但果汁機會除去纖維，因此膳食纖維量會減少。除此以外，其他營養成分大致不變，但維生素C會隨時間經過而氧化，因此製作蔬菜汁時，建議立即飲用。

Q：菜苗是什麼呢？除了青花椰菜苗，還有哪些菜苗呢？

A：菜苗是蔬菜新芽的統稱，營養價值高，因此成為健康食材，備受矚目。

菜苗意指蔬菜發芽或其新芽，是所有蔬菜新芽的總稱。大眾較熟悉的有蘿蔔嬰、苜蓿芽、豆芽菜、豆苗，其他諸如蕎麥苗及紅蓼芽菜也是菜苗。

除了含有可有效預防癌症的蘿蔔硫素以外，菜苗中濃縮了許多營養素（維生素C、維生素B群、胡蘿蔔素、礦物質等）。可直接做沙拉、拌菜、夾三明治、涼拌豆腐的香辛料、煮湯等，炒菜或天婦羅也十分推薦。

Q：青花椰菜苗有營養價值嗎？每天應攝取多少份量？

A：菜苗營養非常豐富，建議納入每日餐桌。

雖然沒有官方數據，但菜苗含有比青花菜（青花菜100g，大約4～5小朵的份量，相當於2盒青花椰菜苗）含有更豐富的胡蘿蔔素、維生素C、蘿蔔硫素及維生素B_{12}等成分。目前無建議攝取量，不妨納入每日350g的蔬菜攝取目標量之內。

青花菜全利用食譜

富含營養的青花菜，建議趁新鮮整顆食用！
以下介紹蒸、烤、炸、煮等各種美味料理方式。

微波蒸青花菜

完整攝取
青花菜的營養成分

材料（2人份）

青花菜…1顆
鹽…少許
〈美乃滋味噌醬〉
　美乃滋…4大匙
　味噌…2小匙
　海苔粉…2小匙

作法

1 青花菜切除菜梗。

2 將青花菜放入耐熱碗中，撒鹽，鬆鬆地覆蓋一層
保鮮膜，以微波爐加熱約三分鐘，使其熱透。

3 對半縱剖後盛盤，將美乃滋味噌醬的材料調勻，
一同上桌。

1人份 216 kcal　鹽分1人份 2.1 g

紙包青花菜

材料（2人份）

青花菜…1顆
橄欖油…少許
鹽…少許
〈起司美乃滋醬〉
　美乃滋…4大匙
　起司粉…2大匙
　粗黑胡椒粉…適量
　蒜泥…1/2小匙

作法

1 青花菜切除堅硬的菜梗後，縱剖四等分。

2 鋪兩層鋁箔紙，薄塗一層橄欖油，放入青花菜，撒鹽。鋁箔紙封口，以200℃的烤箱蒸烤約十五分鐘。

3 從鋁箔紙取出青花菜盛盤，將起司美乃滋醬的材料調勻，一同上桌。

1人份 241kcal ｜ 鹽分1人份 1.5g

連湯汁一起多重享用，營養又健康！

高湯煮青花菜

材料（2人份）

青花菜…1顆
高湯…1又1/2杯
薄鹽醬油…1小匙
鹽…2/3小匙
柴魚片…少許

作法

1 青花菜切除菜梗，剝成大一點的小朵，稍微汆燙，無須熟透。

2 鍋中放入高湯、薄鹽醬油、鹽煮滾，加青花菜，再次煮滾後立即關火。

3 連同湯汁盛盤，擺飾柴魚片。

1人份 45kcal ｜ 鹽分1人份 1.9g

青花菜威力升級食譜

青花菜的優點是無特殊氣味，對烹飪搭配的食材、方法或調味都不挑剔，
可以廣泛應用在和風、西式及中式料理，
讓人得以盡情品嘗青花菜的美味！

青花菜蝦仁羹

沾入薄薄勾芡的蝦仁羹汁，
滿口幸福好滋味

材料（2人份）

青花菜…1/2顆
去殼蝦仁…100g
酒…1大匙
太白粉…1/2大匙
雞湯粉…1/2小匙
蠔油…1小匙
鹽…少許

作法

1 青花菜剝小朵汆燙，以濾網撈起瀝乾水分。蝦仁切碎，淋酒，沾抹太白粉備用。

2 於鍋中加1又1/4杯水、雞湯粉、蠔油、鹽煮滾，加青花菜燙一下，取出盛盤。

3 將2的湯汁再次煮滾，加1的蝦仁。蝦仁熟透，且湯汁變濃稠，便可關火，淋上2的青花菜。

1人份 80kcal　鹽分1人份 1.2g

青花菜牛炒黑醋醬

濃郁鹹香，超下飯的中華炒菜

青花菜…1/2顆
牛後腿肉片…150g
〈牛肉調味〉
　酒、醬油…各1小匙
　太白粉…1/2小匙
〈調味醬料〉
　黑醋、酒…各1大匙

醬油…2小匙
砂糖、太白粉
　…各1/4小匙
沙拉油…1大匙
蒜末…約1/2瓣
薑末…約1/4節
豆瓣醬…1/3小匙

作法

1 青花菜切除菜梗，剝小朵，菜梗削去一層厚皮，縱切薄片，稍微用滾水燙過，以濾網撈起瀝乾水分備用。牛肉切成適口大小，以調味材料抓醃靜置五分鐘。調味醬料材料事先調勻。

2 於平底鍋倒一半沙拉油熱鍋，加牛肉爆香，變色後暫時取出備用。

3 平底鍋擦拭乾淨，倒入剩餘的沙拉油，加蒜、薑、豆瓣醬快速拌炒，再加青花菜翻炒至均勻沾滿醬料後，倒牛肉回鍋，繞圈淋上調味醬料，快速拌炒。

1人份 251 kcal　鹽分1人份 1.7 g

芝麻醬煮青花菜蓮藕里肌

充滿著芝麻香氣的清爽配菜

材料（2人份）

青花菜…1/2顆
蓮藕…1節
豬里肌肉塊（咖哩用）
　……150g
芝麻油…1大匙

高湯…1杯
醬油…1/2大匙
酒…1/2大匙
味醂…1/2大匙
白芝麻粉…1大匙

作法

1 青花菜切除菜梗，剝小朵後水煮，以濾網撈起瀝乾水分備用。蓮藕滾刀切成適口大小。

2 鍋中倒芝麻油熱鍋炒豬肉，再加蓮藕繼續翻炒。

3 豬肉與蓮藕熟透後，加入青花菜，煮至收汁。

1人份 354 kcal　鹽分1人份 1.0 g

青花菜…1/2顆　　　　〈吻仔魚醬〉
馬鈴薯…2顆　　　　　橘醋醬油…2大匙
水煮章魚腳…1條　　　水…1大匙
　　　　　　　　　　顆粒高湯粉…一小撮
　　　　　　　　　　吻仔魚…10g
　　　　　　　　　　芝麻油…1大匙

作法

1 青花菜切除菜梗，剝小朵，菜梗削去一層厚
　皮，切小塊，全部以滾水燙過後，撈起瀝乾水
　分備用。

2 馬鈴薯連皮用保鮮膜包覆，以微波爐加熱約四
　分鐘使其熟透，再剝皮切成適口大小。章魚剁
　塊，以滾水快速汆燙後備用。

3 調製吻仔魚醬。將橘醋醬油、水、顆粒高湯粉
　加入調理碗中調勻。吻仔魚以芝麻油炒香酥
　後，倒入碗中混拌。

4 青花菜、馬鈴薯、章魚盛盤，淋上吻仔魚醬。

關鍵是把吻仔魚
炒得酥脆焦香

青花菜章魚
馬鈴薯
和風沙拉

1人份273kcal 鹽分1人份2.5g

材料（2人份）

青花菜…1/2顆　　　　〈凱薩醬〉
培根（塊）…30g　　　美乃滋…2大匙
〈油炸麵包〉　　　　法式沙拉醬（市售品）
│長棍麵包…2cm　　　　…2大匙
│油炸油…適量　　　蒜泥…少許
蛋…2顆　　　　　　起司粉…1大匙

作法

1 青花菜切除菜梗，剝小朵後水煮，以濾網撈起
　瀝乾水分備用。培根切5mm厚，平底鍋不加油
　直接乾煎至酥脆。

2 製作油炸麵包。長棍麵包切薄片，油炸油加熱至
　170℃，將麵包片炸至金黃酥脆。

3 準備一小鍋滾水製作水波蛋，將蛋去殼，分別輕
　柔地放入滾水中，煮至蛋白熟透凝固變白。

4 將1及2一起盛盤，上方擺飾水波蛋，將凱薩醬
　材料調勻後淋上，可依喜好撒粗黑胡椒粉（額外
　份量）。

鮮美豐富的食材，
營養滿分！

青花菜
凱撒沙拉

1人份432kcal 鹽分1人份1.7g

酥脆可口的輕食小點心

黑胡椒炸青花菜

（材料（2人份）

青花菜…1/2顆
〈麵衣〉
　麵粉…適量
　蛋液…約1顆
　麵包粉…1杯
　粗黑胡椒粉
　　…1/2小匙
油炸油…適量

（作法）

1 青花菜切除菜梗，剝小朵。

2 於麵衣的麵包粉中拌入粗黑胡椒粉。

3 將 1 依照麵粉、蛋液、2 的順序沾裹麵衣，並以170℃的油炸油炸至金黃。

1人份 212 kcal　鹽分1人份 0.4 g

做法簡單卻讓人齒頰留香的天然美味

青花菜涼拌榨菜

（材料（2人份）

水煮青花菜…4～5朵
榨菜（塊）…20g
芝麻油…1小匙

（作法）

1 榨菜切薄片，泡水適度去鹽，瀝乾水分後切碎。

2 於水煮青花菜加 1 的榨菜，淋芝麻油拌勻。

1人份 31 kcal　鹽分1人份 0.3 g

鹽味奶油香，百吃不厭的美味

青花菜梗拌炒胡椒玉米

（材料（2人份）

青花菜梗…約1顆量（60g）
玉米粒（水煮或冷凍）…4大匙
奶油…1/2大匙
鹽、粗黑胡椒粉…各適量

（作法）

1 菜梗削去一層厚皮，配合玉米粒大小切丁。

2 平底鍋以奶油熱鍋，拌炒 1 及玉米粒，以鹽調味，最後撒多一點粗黑胡椒粉，增添香氣。

1人份 59 kcal　鹽分1人份 0.7 g

（材料（2人份））

青花菜…1/2顆
長蔥…1/4根
沙拉油…2小匙
高湯…2又1/2杯
白飯…20g
牛奶…1/2杯
薄鹽醬油…1小匙
鹽、胡椒粉…各少許

（作法）

1 青花菜切除菜梗，剝小朵。長蔥切成蔥花。

2 鍋中以沙拉油熱鍋，先放蔥花炒至熟軟，加青花菜繼續拌炒。加高湯及白飯，煮至青花菜熟軟。

3 將2倒入食物調理機，攪拌至滑順後倒回鍋中，加牛奶、薄鹽醬油溫熱，最後以鹽、胡椒粉調味。

1人份 118 kcal　鹽分1人份 1.3 g

青花菜雜豆咖哩湯

有益健康的速成湯品

（材料（2人份））

青花菜…1/2顆
綜合豆（市售品）…100g
洋蔥…1/4顆
沙拉油…2小匙
咖哩粉…1小匙
伍斯特醬…1小匙
顆粒高湯粉…1小匙
鹽、胡椒粉…各少許

（作法）

1 青花菜切除菜梗，剝成略小朵。綜合豆瀝乾水分，洋蔥切粗丁。

2 鍋加沙拉油熱鍋炒洋蔥，熟軟後加綜合豆繼續翻炒。

3 加咖哩粉拌炒均勻，加兩杯水、伍斯特醬及顆粒高湯粉燉煮，沸騰後加青花菜煮熟，最後以鹽、胡椒粉調味。

1人份 155 kcal　鹽分1人份 1.7 g

義大利麵

蒜味青花菜義大利麵

黃綠色蔬菜與橄欖油、義大利麵的組合，營養均衡滿分

材料（2人份）

青花菜…1/2顆
義大利麵條…160g
鹽、胡椒粉…各適量
橄欖油…3大匙
蒜頭…約1瓣
紅辣椒圈…約1/2根

作法

1 青花菜切除菜梗，切成略大塊。

2 準備一鍋加適量鹽的滾水煮義大利麵，煮到一半，加青花菜煮至熟軟。

3 平底鍋加橄欖油及蒜頭，以小火慢煎至蒜頭呈金黃色，加2的青花菜及紅辣椒，一邊壓碎青花菜一邊拌炒，最後以鹽、胡椒粉調味。

4 將煮好的義大利麵及少許煮麵湯加入3中混拌。

1人份 492 kcal ｜ 鹽分1人份 1.8 g

青花菜培根蛋義大利麵

搭配義大利螺旋麵，每一口都健康美味

材料（2人份）

青花菜…1/2顆
培根…50g
橄欖油…1小匙
螺旋義大利麵
（捲心麵）…160g

〈培根蛋麵醬〉
　蛋…1顆
　起司粉…2～3大匙
　鮮奶油…1/4杯
　奶油…1/2大匙
　蒜泥…少許
　鹽、粗黑胡椒粉…各少許
粗黑胡椒粉…少許

作法

1 青花菜切除菜梗，剝小朵。培根切成1cm寬度，以橄欖油炒至酥脆備用。

2 準備一鍋加適量鹽（額外份量）的滾水煮短義大利麵，並在起鍋前約三分鐘，加青花菜一起水煮。

3 將培根蛋麵醬的材料放入調理碗中調勻，加1的培根。

4 於3中加入煮熟的麵及青花菜混拌，盛盤，撒粗黑胡椒粉。

1人份 645 kcal ｜ 鹽分1人份 2.1 g

青花椰菜苗食譜

菜苗營養價值非常高，可直接食用，因此可輕鬆用於各種菜餚中。

青花椰菜苗炒蛋

補充維生素、礦物質的超營養早餐

材料（2人份）

青花椰菜苗…1盒（50g）
蛋…3顆
起司粉…2大匙
鹽、胡椒粉…各少許
沙拉油…1小匙
奶油…1大匙
薄片吐司…2片

作法

菜苗快速洗淨後，擦乾水分備用。

2 將蛋打入調理碗中，加起司粉、鹽、胡椒粉攪拌均勻。

3 於平底鍋加沙拉油及奶油熱鍋，倒入2的蛋液稍微攪拌，煎至半熟後加入菜苗關火，持續攪拌，利用餘溫使蛋熟透。吐司片烘烤後，對角切成三角形，一同上桌。

1人份 289kcal　鹽分1人份 1.5g

青花椰菜苗涼拌柴魚片

麻油與柴魚的和風香氣，讓人入口難忘

材料（2人份）

青花椰菜苗…1盒（50g）
柴魚片…1小袋
醬油…1/2小匙
芝麻油…1/2小匙

作法

1 菜苗快速洗淨後，擦乾水分。

2 將 1 與柴魚片一起放入碗中，加醬油及芝麻油，快速混拌。

1人份 21 kcal　鹽分1人份 0.2 g

材料（2人份）

青花椰菜苗
　…2盒（100g）
通心粉…40g
火腿…1片
美乃滋…2大匙

作法

1 菜苗快速洗淨後，擦乾水分備用。準備一鍋加適量鹽（額外份量）的滾水煮通心粉，煮熟後瀝乾水分。火腿切粗條。

2 將 1 放入調理碗中，加美乃滋混拌均勻。

菜苗通心粉沙拉

令人懷舊的簡單古早美味

1人份 186 kcal　鹽分1人份 0.7 g

菜苗海苔起司捲

既是餐桌配菜，也能當下酒菜！

材料（2人份）

青花椰菜苗…1盒（50g）
起司片…2片
烤海苔片…1/2～1片

作法

1 菜苗快速洗淨後，擦乾水分備用。烤海苔切成與起司片相同大小。

2 將起司分別與海苔片疊合，縱切成四等分。其中四片以起司面捲包菜苗，剩餘四片以海苔面捲包菜苗。

1人份 59 kcal　鹽分1人份 0.4 g

醬汁＆沾醬

～讓水煮青花菜變得更好吃！～

明太子起司沾醬

材料（方便製作的份量）

辛子明太子1條
奶油乳酪80g
檸檬汁2大匙

作法

1 明太子去皮取卵撥鬆備用，將奶油乳酪放在室溫下軟化。

將1與檸檬汁混拌均勻。

總熱量 360kcal ｜ 總鹽分 3.9 g

和風塔塔醬

材料（方便製作的份量）

水煮蛋1顆
甘醋漬蕎頭5顆
美乃滋2～3大匙

作法

1 水煮蛋切粗塊，蕎頭切碎。
2 將1與美乃滋混拌均勻。

總熱量 277kcal ｜ 總鹽分 1.5 g

蔥麻醬

材料（方便製作的份量）

長蔥1/2根
熟白芝麻粒2大匙
鹽1/3小匙、芝麻油4大匙

作法

1 長蔥切末，芝麻半研磨成碎粒。
2 將1與鹽混拌，慢慢加芝麻油拌勻。

總熱量 564kcal ｜ 總鹽分 2.0 g

豆瓣醬美乃滋

材料（方便製作的份量）

美乃滋3大匙
豆瓣醬1/4小匙

作法

將所有材料混拌均勻。

總熱量 242kcal ｜ 總鹽分 1.1 g

番茄培根醬

材料（方便製作的份量）

番茄1顆
培根1片
鹽、胡椒粉各少許
橄欖油4大匙

作法

1 番茄去籽切粗丁。培根切成5mm寬度，平底鍋不加油直接乾煎至酥脆。
2 將1混拌，撒鹽、胡椒粉，慢慢加橄欖油拌勻。

總熱量 552kcal ｜ 總鹽分 3.4 g

味噌肉醬

材料（方便製作的份量）

豬絞肉100g
芝麻油1大匙
薑末、蒜蓉各1/2小匙
酒、甜麵醬各1大匙
味噌1/2大匙
醬油1/2小匙

作法

平底鍋加芝麻油，加薑、蒜爆香，炒出香氣後加絞肉拌炒，加酒、甜麵醬、味噌、醬油炒至入味。

總熱量 409kcal ｜ 總鹽分 2.9 g

芹菜

〜〜〜〜〜〜〜〜

芹菜自古便被當成萬能藥草，廣泛使用。
清新的香味成分，
可促進大腦及自律神經充滿活力。

壓力時代下的救世主。
具有舒緩神經香味成分，
能保持血液通暢

芹

菜的故鄉在地中海沿岸。西方藥草大多屬於繖形科及唇形科植物，而芹菜也與胡蘿蔔、巴西利、山芹菜等同樣為繖形科蔬菜。十七世紀以後，人們才開始種來食用。在此之前，芹菜主要被視為珍貴藥材，而非食物。

古希臘醫生將芹菜用作利尿劑、退燒藥及胃藥，醫學之父希波克拉底（Hippocrates）亦稱：「芹菜有助於改善神經疲勞」。此外，在中藥裡，芹菜亦因可保持內心平靜，將體內過多水分排出體外等作用，而備受重用。

日本於明治時代開始種植芹菜，但因其獨特香氣及苦味，無法融入日本料理，遲遲未能獲得大眾青睞，直到第二次世界大戰後，家庭餐桌飲食逐漸西化，才慢慢傳播。

「芹菜有助於改善神經疲勞」。此並固定下來。然而，現已證實芹菜讓人敬而遠之的強烈香味成分，正是各種藥理功效的關鍵所在。

芹菜的香味成分，可活化大腦、緩解自律神經失調

香味成分會經過大腦邊緣系統傳遞至下視丘，作用於自律神經系統、免疫系統及內分泌系統等。

154

已知芹菜香味成分之一的「芹菜素」有舒緩神經的作用，且可改善失眠、壓力、頭痛、疲勞等症狀，亦可抑制血壓上升，強健血管，預防動脈硬化。

此外，芹菜獨特的香味成分「瑟丹內酯」可增強肝臟解毒功能，並有抑制癌症的作用。

芹菜亦具備纖形科等其他蔬菜共通草腥味的香味成分「吡嗪」。

周知吡嗪可溶解血管中形成的血栓，保持血液通暢。芹菜含有豐富的吡嗪，有助於預防腦中風及心肌梗塞。

芹菜葉也富含營養

其實，芹菜的深綠色菜葉比白色菜梗含有更豐富的β胡蘿蔔素及維生素C。

β胡蘿蔔素是一種食物的色素成分，可在體內轉化成維生素A，強化皮膚及黏膜，提高免疫力，保持視力正常，且具有強大的抗氧化作用，可去除體內因壓力或紫外線等因素生成的活性氧，具有預防老化、癌症等作用。

此外，維生素C是生成「皮質醇」時的必要維生素，而皮質醇在人體承受壓力時非常重要。其他，芹菜葉亦含有可消除疲勞的維生素B1及B2。

食用芹菜時，務必連同芹菜葉一起享用，才能完整攝取所有維生素而不浪費。

利用芹菜力量解決婦女煩惱

COLUMN

芹菜是一種可以改善婦女特有不適的有益蔬菜。中醫認為，芹菜有助於改善血液的相關問題、頭昏、月經不順及更年期症狀。

在此，我們尤其關注「甲硫胺酸」。甲硫胺酸可強化肝臟功能，刺激女性荷爾蒙分泌，使皮膚水嫩，富有彈性及光澤，此外亦稱可改善憂鬱狀態，減緩生理時及更年期特有的不適症狀。

芹菜含有豐富的鉀，可使體內水分代謝正常，因此可保持血壓正常，亦有望改善浮腫及手腳冰冷。

芹菜 10 種功效

芹菜自古便被當成萬能藥草，使用廣泛。以下介紹芹菜中維持現代人健康不可欠缺的有效成分。

功效 01 降低血壓

芹菜含有豐富的鉀，可幫助排出身體多餘鹽分，且芹菜特有的香味成分——「芹菜素」可改善血液循環、舒緩神經、抑制血壓上升。

功效 02 降膽固醇

芹菜的膳食纖維可抑制身體吸收膽固醇，並迅速將之排出體外，所以食用肉類或油膩食物時，不妨多吃點芹菜，解膩又健康。

功效 03 預防血栓

芹菜的香味成分之一「吡嗪」可清血，維持血管健康，亦有助於抑制血栓生成，防止心肌梗塞或腦中風。

功效 04 透過整腸作用改善便祕

芹菜富含非水溶性膳食纖維，有助於清掃腸道、排出體內廢棄物、改善腸道環境、預防便祕及大腸癌，亦能調理皮膚狀態。

功效 08 提高免疫力

芹菜均衡含有維生素及礦物質,可刺激細胞新陳代謝,尤其β胡蘿蔔素強大的抗氧化作用,可保持黏膜健全,亦有助於抑制感染症及癌症。

功效 09 具有健胃作用,緩解宿醉

芹菜含有維生素U,可抑制胃酸分泌,修復胃潰瘍及十二指腸潰瘍。暴飲暴食導致胃不舒服時,亦有助於快速修復,恢復健康。

功效 10 預防糖尿病

芹菜亦具有促進胰臟功能的作用,膳食纖維可減緩糖的吸收速度,使血糖緩和上升,抑制糖尿病的發展。

功效 05 透過鎮靜效果舒緩焦躁

芹菜的香味成分「芹菜素」可安神紓壓,舒緩焦躁,亦有助於改善失眠,減緩更年期的頭痛症狀。

功效 06 改善貧血、月經不順及更年期症狀

芹菜含有甲硫胺酸,可促進女性荷爾蒙分泌,有助於改善月經不順或更年期症狀。芹菜亦含鎂及鐵,可促進紅血球增生,改善貧血。

功效 07 強化肝功能

繖形科蔬菜含有豐富的甲硫胺酸,有助於肝臟功能。平日多食用芹菜,可促進肝功能活化,且芹菜葉富含維生素C,可增強身體的抗壓力。

芹菜的營養烹飪技巧 Q&A

芹菜還有許多不為人知的優點。以下介紹芹菜的烹飪要點，讓我們享受美食之餘，又能有效攝取營養。

Q 如何烹煮芹菜，最能有效攝取營養？

A 就營養層面，生食最有效。如果講求美味，加熱調理也十分推薦。

芹菜含有水溶性（易溶於水，容易因水煮等調理而流失）的維生素C及鉀，因此生食最能有效充分攝取芹菜的營養。另一方面，芹菜可有效消除肉類海鮮等腥味，而且烹煮後風味更勝，因此非常適合清湯或濃湯等燉煮料理。

Q 每天該吃多少份量？

A 如果只算芹菜，一天最多兩根，量少一些也無妨。

芹菜屬於淺色蔬菜，淺色蔬菜的每日建議攝取量為230g，因此若僅食用芹菜，建議以100g的芹菜食用2根為參考；若搭配其他淺色蔬菜（洋蔥、蘿蔔、高麗菜等），1/4根或1/2根皆可。為了盡量能每天食用，有時吃多一點、有時吃少一點，都不會有大礙。

A 芹菜葉的營養價值高，所以建議一起食用別丟棄。

其實，芹菜葉的營養價值比菜梗更高，富含胡蘿蔔素及維生素C，切碎炒菜或煮湯，既可享受清香，還能享受美食。

此外，胡蘿蔔素為脂溶性（溶於油脂後更容易被人體吸收），因此利用炸、炒等用油調理，可提高胡蘿蔔素的吸收。

Q 連芹菜葉一起食用比較好嗎？芹菜葉有哪些營養價值呢？

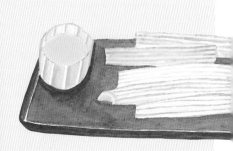

Q 芹菜打成蔬菜汁，美味及營養價值不變嗎？

A 芹菜汁非常美味，且營養價值不變。

就如同其他的蔬菜水果，芹菜汁如果是新鮮現打，美味及營養都不會有任何影響。在此介紹幾道簡單芹菜蔬菜汁的製作方法。

於食物調理機中放入1根芹菜與1/2杯水，加1/2杯豆漿，再以食物調理機攪拌均勻，可依喜好加入蜂蜜。

於果汁機中加入1根芹菜、1根胡蘿蔔、1/2顆蘋果後攪拌均勻，最後擠1/4顆檸檬汁。

Q 聽說芹菜不易保鮮，所以買來最好立刻食用嗎？

A 芹菜不易保持新鮮度，應盡早食用完畢。

正如產地人人稱芹菜新鮮現採生食最好吃，芹菜算是一種容易流失新鮮度的蔬菜。新鮮度降低，不僅影響美味，香氣也會變淡，因此建議盡早食用完畢。芹菜的保存重點，首先應將葉片與菜梗切開分別保存，因為芹菜葉會從菜梗吸收水分及養分。接著，將葉片與菜梗分別以報紙包覆，放入塑膠袋內，菜梗盡量直立地儲存於冰箱的冷藏蔬菜室。亦建議做成常備菜保存。

cut

Q 我想了解芹菜應如何烹飪及調味，才能更美味？

A 生食、拌炒、燉煮等，許多調理方法都可以讓芹菜變美味。

如欲品嘗芹菜的水嫩多汁及清脆感，建議沙拉或拌菜等生食；如欲享受香氣及口味，可以燉煮或拌炒。為了充分發揮芹菜的清香，建議採用清淡的調味。此外，如欲去除肉類等腥味，不妨利用接近葉子的頂端部位。涮白肉或煮湯時，加入芹菜葉，可增添香氣，提升美味層次。

食譜中經常出現「芹菜削去粗纖維」等形容，這是因為外側的纖維粗糙，口感不好，但如果是新鮮現摘，則可省略該步驟。

Q 烹煮後保存，會影響芹菜的營養價值或美味嗎？

A 營養價值及美味都沒有足以令人擔心的變化。

芹菜事先烹煮後保存，會因此減少的營養成分，頂多只有水溶性的維生素C，然而芹菜菜梗所含維生素C並不足以被視為豐富的供給來源，因此無須太過在意，美味也不受影響，有時常備菜反而有其特有的口感或風味，甚至可以舒緩芹菜的熱烈香氣，使其更容易入口。

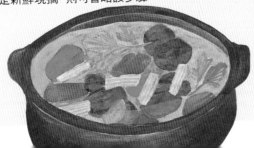

芹菜全利用食譜

完整利用芹菜,是簡單享受芹菜美味的最佳方法!
在此介紹每人約可吃下一根以上芹菜菜梗的珍藏食譜。

香烤芹菜

和洋蔥鮪魚醬一起沾著吃,
無敵美味

材料(2人份)

芹菜…2根
鹽…1/4小匙
胡椒粉…少許
橄欖油…2小匙
〈鮪魚醬〉
　鮪魚罐頭…1小罐
　洋蔥末…約1/4顆
　美乃滋…2大匙
　芹菜葉切碎…少許
檸檬瓣…2塊

作法

1 芹菜削去粗纖維,從節點切段,放入耐熱容器中。

2 撒鹽、胡椒粉,淋橄欖油,以小烤箱烘烤約20分鐘直到上色。

ツ與鮪魚醬材料一起混勻,加入檸檬片作為　的佐料。

1人份 251 kcal　鹽分1人份 1.7 g

160

芹菜豬肉鍋

融合豬肉鮮味與
芹菜爽口的雅致美味

材料（2人份）

芹菜…3根
梅花豬肉…200g
〈豬肉調味〉
　鹽…1/3小匙
　胡椒粉…少許
　橄欖油…2小匙

月桂葉…1片
芹菜葉…少許
顆粒高湯粉…1小匙
顆粒芥末醬…適量

作法

1 芹菜削去粗纖維，從節點切段。

2 豬肉切成適口大小，撒調味用的鹽及胡椒粉，淋橄欖油抹勻備用。

3 準備一平底深鍋或湯鍋開火，加**2**煎燒至表面焦黃，加月桂葉、芹菜葉、兩杯水、顆粒高湯粉，開大火。

4 沸騰後加芹菜，利用烘培紙等當鍋中蓋鋪表面，再蓋鍋蓋，轉小火煮約二十分鐘，期間適時撈除浮渣。盛盤，佐以顆粒芥末醬。

1人份 **335** kcal　鹽分1人份 **2.4** g

焗烤芹菜

濃郁奶香中卻又融合
芹菜的鮮脆爽口

材料（2人份）

芹菜…3根
顆粒高湯粉…2小匙
月桂葉…1片

〈奶油螃蟹醬〉
　奶油…2大匙
　螃蟹罐頭…1小罐
　麵粉…2大匙
　牛奶…1杯
　鹽、胡椒粉…各少許
起司粉…1大匙

作法

1 芹菜削去粗纖維，配合耐熱容器的長度切段。

2 鍋中加三杯水、顆粒高湯粉、月桂葉開火煮沸，加芹菜，鋪上鍋中蓋，煮約二十分鐘，使其入味。

3 調製奶油螃蟹醬。平底鍋開火使奶油融化，螃蟹瀝乾湯汁，加入鍋中拌炒，撒麵粉邊炒邊拌勻。慢慢加入牛奶，燉煮至濃稠，以鹽、胡椒粉調味。

4 耐熱容器上塗抹少許奶油（額外份量），取出**2**的芹菜，瀝乾湯汁放入耐熱容器中，淋滿**3**的醬汁，撒起司粉。以小烤箱烤至表面金黃。

1人份 **267** kcal　鹽分1人份 **2.5** g

芹菜威力升級食譜

芹菜不僅可用於生食沙拉，在煮、炒、蒸、燙等各種調理方式中，也能充分展現其美味與存在感。何不在每日餐桌上準備一道芹菜！

芹菜豆腐雜炒

吸附飽滿肉汁的芹菜，每口都香甜濃郁

材料（2人份）

芹菜…1根
芹菜葉…適量
豬五花肉片…50g
板豆腐…1塊
沙拉油…2大匙
鹽…1/3小匙
胡椒粉…少許
醬油…1小匙
柴魚片…少許

作法

1 芹菜削去粗纖維，斜切成薄片，芹菜葉切大片。豬肉切成2cm寬，豆腐瀝水後切成易入口大小。

2 平底鍋加沙拉油熱鍋，加入豆腐煎至表面金黃，撒鹽取出備用。

3 於2的平底鍋加豬肉拌炒，肉稍微熟後，加芹菜繼續翻炒。

4 芹菜均勻沾滿油脂後，倒豆腐回鍋，加芹菜葉大致翻炒，撒胡椒粉，繞圈淋入醬油調味。

5 盛盤，撒柴魚片。

1人份 335 kcal　鹽分1人份 1.5 g

芹菜魚露炒花枝

香氣四溢又清脆的芹菜滋味！

材料（2人份）

芹菜⋯1根	蒜頭⋯1瓣
芹菜葉⋯適量	紅辣椒⋯1根
花枝肉⋯150g	沙拉油⋯1大匙
酒⋯1大匙	砂糖⋯1小匙
薑⋯1/2節	魚露⋯2小匙
	鹽、胡椒粉⋯各少許

作法

1　芹菜削去粗纖維，斜切成薄片，葉子切大塊。整塊花枝肉先以刀子劃出格紋，再切成大一點的適口大小，撒酒去腥。薑與蒜頭切碎，紅辣椒對半切去籽。

2　平底鍋加沙拉油、薑、蒜、辣椒，以小火翻炒出香氣後，加入花枝，火轉大後翻炒至花枝變白。

3　加入芹菜繼續大火拌炒，芹菜熟軟後加砂糖、魚露拌勻，加芹菜葉混拌，最後以鹽、胡椒粉調味。

1人份 148 kcal　鹽分1人份 2.2 g

芹菜清蒸旗魚

以芹菜提味，烘托出旗魚獨有的鮮美滋味

1人份 228 kcal　鹽分1人份 1.7 g

材料（2人份）

芹菜⋯2根	紅心橄欖粒⋯10粒
芹菜葉末⋯少許	白酒⋯2大匙
旗魚排⋯2塊	檸檬瓣⋯2塊
鹽、胡椒粉⋯各少許	
橄欖油⋯2小匙	
小番茄⋯6顆	

作法

1　芹菜削去粗纖維，斜切成薄片。旗魚撒鹽、胡椒粉、淋橄欖油，使其入味。小番茄對半切。

2　將芹菜、小番茄、紅心橄欖粒放入耐熱盤中，擺上旗魚，淋白酒，鬆鬆地覆蓋一層保鮮膜，以微波爐加熱五至六分鐘，使其熟透。

3　盛盤，佐以檸檬片，撒芹菜葉。

芹菜白肉涼拌醋味噌

〔材料（2人份）〕

芹菜…1根
豬肉涮片…200g
酒…1/4杯
鹽…少許
〈醋味噌〉
　味噌…1又1/2大匙
　砂糖…1大匙
　醋…1大匙

〔作法〕

1 芹菜削去粗纖維，從節點切段，以刨刀縱向削成薄片。

2 準備一鍋滾水，加酒及鹽，放入芹菜快速汆燙後，撈起過冷水再撈起瀝乾水分。接著，將豬肉片一片一片放進鍋中快速汆燙後過冷水，撈起瀝乾水分。

3 將醋味噌材料拌勻，芹菜與豬肉一起盛盤，淋上醋味噌。

1人份 **292** kcal　鹽分1人份 **2.1** g

只需切盤混拌，作法超簡單！

芹菜鮪魚拌納豆

〔材料（2人份）〕

芹菜…1/2根
芹菜葉…少許
鮪魚生魚片（赤身）…50g
醬油…1小匙
納豆（附醬包）…1盒

〔作法〕

1 芹菜削去粗纖維切粗丁，芹菜葉切碎。鮪魚配合納豆大小切丁。

2 將芹菜及鮪魚丁放入調理碗中，淋上醬油混拌。

3 納豆淋上隨附的醬包，與芹菜葉一起加入**2**中攪拌均勻。

1人份 **92** kcal　鹽分1人份 **0.8** g

芹菜

金平芹菜

櫻花蝦入味的日式金平調味，鮮味十足

〔材料（2人份）〕

芹菜…1根
櫻花蝦…2大匙
芝麻油…1大匙
酒…2小匙
味醂…2小匙
醬油…2小匙
七味辣椒粉…少許

〔作法〕

1 芹菜削去粗纖維，斜切成4～5mm厚的切片。
2 平底鍋中熱芝麻油，加櫻花蝦炒出香氣，再加芹菜拌炒一至兩分鐘。
3 加酒、味醂、醬油炒勻後盛盤，撒七味辣椒粉。

〔1人份 87 kcal〕 〔鹽分1人份 1.0 g〕

〔材料（2人份）〕

芹菜…1根
胡蘿蔔…4cm
蔥末…約5cm
蒜蓉…少許
芝麻油…1小匙
酒…1/2大匙
醬油…1小匙
鹽、胡椒粉…各適量
白芝麻粉、辣椒絲
　…各少許

〔作法〕

1 芹菜與胡蘿蔔切成約火柴大小的長條狀，放入調理碗中，撒少許鹽抓醃使纖維軟化後，擠出水分。
2 平底鍋加芝麻油、蔥末、蒜蓉以小火拌炒，炒出香氣後加入，火轉大翻炒。
3 鍋中材料均勻沾滿油脂後，加酒及醬油，持續煎煮至收汁，最後以鹽、胡椒粉調味。撒芝麻粉，擺上辣椒絲裝飾。

芝麻油拌炒芹菜

充滿蒜味與麻油香的韓式吃法

〔1人份 43 kcal〕 〔鹽分1人份 1.4 g〕

芹菜蛤蜊馬鈴薯湯

能同時享受蛤蜊的鮮香與芹菜清香

〔材料（2人份）〕

芹菜…1根
馬鈴薯…1顆
帶殼蛤蜊…200g
白酒…1/4杯
奶油…1/2大匙
顆粒高湯粉…少許
鹽、粗黑胡椒粉
　…各少許

〔作法〕

1 芹菜削去粗纖維，切成7～8mm方塊。馬鈴薯切成與芹菜相同大小。蛤蜊吐沙後洗淨。
2 鍋中加蛤蜊、白酒，開火，蓋上鍋蓋蒸煮。蛤蜊開口後，將蛤蜊與煮汁分開。
3 鍋子快速沖洗後重新開火，加奶油，融化後加芹菜及馬鈴薯拌炒。加2的煮汁、兩杯水及顆粒高湯粉，蓋上鍋蓋，轉小火煮至蔬菜熟軟。
4 將2的蛤蜊倒回鍋中，加鹽調味，撒粗黑胡椒粉。

〔1人份 98 kcal〕 〔鹽分1人份 1.7 g〕

生芹菜沙拉

再來介紹多道能極致發揮芹菜
清脆口感的新鮮沙拉。

芹菜雜豆沙拉

鮮脆芹菜與
鬆軟豆子的口感衝擊

材料（2人份）

芹菜…1根
綜合豆（市售品）…1袋
鰮魚…1尾
顆粒芥末醬…1小匙
法式沙拉醬（市售品）
　…1大匙滿匙

作法

1 芹菜切丁。

2 鰮魚切碎，與顆粒芥末醬、
法式沙拉醬混勻。

3 將芹菜與綜合豆混合，加2
拌勻。

芹菜蘋果核桃沙拉

將綿密奶香的
奶油乳酪醬拌入沙拉

材料（2人份）

芹菜…1根
蘋果…1/2顆
核桃…4顆
〈奶油醬〉
　奶油乳酪…50g
　蒜泥…少許
　粗黑胡椒粉…少許
　檸檬汁…1/2大匙

作法

1 芹菜削去粗纖維，切薄片。蘋果連皮
切成1/4圓片，核桃切粗粒。

2 調製奶油醬。將奶油乳酪放在室溫下
軟化，加入剩餘的材料調勻。

3 將1加入2中混拌均勻。

1人份 182 kcal　鹽分1人份 0.2 g

芹菜

芹菜竹筍鮮脆沙拉

清爽食材大集合！
每口都吃得到清脆鮮蔬

1人份 **65**kcal　鹽分1人份 **1.8** g

材料（2人份）

芹菜…1根
芹菜葉…少許
水煮竹筍…1/2顆

〈和風沙拉醬〉
　昆布茶…一小撮
　橘醋醬油…2大匙
　沙拉油…1/2大匙

作法

1 芹菜削去粗纖維、切粗絲，芹菜葉也切成略粗的長條。水煮竹筍切成與芹菜相同大小，快速汆燙後瀝乾水分備用。
2 將和風沙拉醬的材料調勻。
3 將1混拌，加和風沙拉醬拌合均勻。

材料（2人份）

芹菜…1根
羊栖菜（乾燥）…10g
水煮章魚腳…50g

黑橄欖…4顆
法式沙拉醬（市售品）
　…2大匙
鹽、胡椒粉…各少許

作法

1 芹菜削去粗纖維，切成易入口的長度後切絲。羊栖菜泡水還原，準備一鍋加少許鹽（額外份量）的滾水，快速汆燙後瀝乾水分。水煮章魚切成與芹菜相同大小。黑橄欖切碎。
2 將1放入調理碗中混拌，加法式沙拉醬拌勻，最後以鹽、胡椒粉調味。

芹菜章魚羊栖菜沙拉

羊栖菜與芹菜
健康滿點的組合。
預製保存也OK！

1人份 **107**kcal　鹽分1人份 **1.1** g

特製芹菜沙拉

自製酸甜風味的
健康醬料，
令人胃口大開

材料（2人份）

芹菜…1根
小黃瓜…1根
乾蝦米…1大匙
花生…20g

〈醬料〉
　魚露…2/3～1大匙
　蒜泥…少許
　萊姆汁或檸檬汁…2小匙
　紅辣椒末…少許
　砂糖…1小匙

作法

1 芹菜削去粗纖維，以刨刀縱向削薄片，小黃瓜亦以刨刀縱向削薄片，一起泡水，保持其鮮脆口感。
2 乾蝦米與花生切粗粒。
3 將醬料材料混合，加1與2拌勻。

1人份 **96**kcal　鹽分1人份 **1.7** g

芹菜的實用常備菜

芹菜雖以新鮮著稱，但做成常備菜同樣可發揮實力！
除了可以直接享用，亦可應用在其他各種料理。

醬漬芹菜

以柴魚風味醬油醬醃漬，
拌菜、炒菜，用途廣泛。

（材料（方便製作的份量）

芹菜…2根
〈浸漬醬汁〉
　醬油…1/4杯
　味醂…1/4杯
　酒…1大匙
　水…1/2杯
　柴魚片…1袋
　紅辣椒斜切片…約1根
　芝麻油…1大匙

（作法）

1 芹菜削去粗纖維，滾刀切長塊，放入保存容器中。

2 將芝麻油以外的醃漬醬汁材料放入鍋中，開火煮滾後，加芝麻油關火。

3 趁2的醃漬醬汁滾燙，倒入1中，浸漬一晚使其入味。冷藏可保存四至五天。

總熱量 273kcal　總鹽分 8.6 g

應用

芹菜拌細絲昆布

昆布的甘味，讓美味提升好幾倍！

（材料（2人份）

醬漬芹菜…80g
細絲昆布…4g

（作法）

1 醬漬芹菜瀝乾醬汁。

2 將1放入調理碗中，加細絲昆布混拌。

1人份 28kcal　鹽分1人份 0.9 g

醬漬芹菜炒豆皮

材料（2人份）

醬漬芹菜…80g
油豆腐皮…1片
熟白芝麻粒…適量

作法

1 醬漬芹菜瀝乾醬汁，油豆腐皮切成短條薄片。

2 將油豆腐皮放入平底鍋乾煎，加醬漬芹菜拌炒，最後撒上芝麻。

1人份84kcal ｜ 鹽分1人份0.8g ｜ 應用

材料（2人份）

醬漬芹菜…80g
醬漬芹菜的醃漬醬汁…5大匙
芹菜葉末…少許
豬肉碎片…80g
鹽、胡椒粉…各適量
沙拉油…2大匙
中華拉麵…2球

作法

1 醬漬芹菜瀝乾醬汁，豬肉撒鹽、胡椒粉調味。

2 平底鍋加沙拉油熱鍋，炒豬肉，加1的芹菜繼續拌炒，將中華拉麵抓鬆放入鍋中翻炒。

3 加入醬漬芹菜的醃漬醬汁繼續拌炒，最後以鹽、胡椒粉調味。盛盤，撒芹菜葉末。

應用

芹菜豬肉炒麵

1人份579kcal ｜ 鹽分1人份3.3g

醃漬酸芹菜

發揮清脆口感的酸芹菜,最適合當
紅酒小菜、餐桌配菜或搭配肉類料理,
三明治、沙拉、煮湯也不賴。

材料(方便製作的份量)

芹菜…2根

〈醃汁〉

　紅辣椒(去籽)
　　…1根

　白酒…3大匙

　醋…1大匙

　蜂蜜…1大匙

　鹽…1/2小匙

　粗黑胡椒粉…少許

作法

1 芹菜削去粗纖維,切成
5cm長度,較粗的芹菜段
縱向切二至四等分,放入
保存容器中。

2 將醃汁材料放入鍋中開大
火煮滾,趁熱以繞圈方式
倒入1中。

3 偶爾混拌,浸泡三十分鐘
以上使其入味。冷藏可保
存四至五天。

總熱量 103 kcal　總鹽分 3.2 g

應用

香腸芹菜湯

酸芹菜加熱後,風味更濃厚

材料(2人份)

醃漬酸芹菜…90g

碎芹菜葉…少許

香腸…4條

顆粒高湯粉…1小匙

鹽、粗黑胡椒粉…各少許

作法

1 於香腸上縱向劃一刀。

2 鍋中加兩杯水、顆粒高湯粉開火,煮滾
後加醃漬酸芹菜、香腸繼續煮。最後以
鹽、粗黑胡椒粉調味。

3 盛盤,佐以碎芹菜葉裝飾。

1人份 156 kcal　鹽分1人份 2.8 g

170

酸芹菜燻鮭魚沙拉

只需混拌的超速成沙拉。
冰鎮後也是一道下酒小菜。

材料（2人份）

醃漬酸芹菜⋯90g
燻鮭魚⋯40g
粗黑胡椒粉⋯適量

作法

1 酸芹菜切成5mm～1cm方塊，燻鮭魚亦切成相同大小。

2 將1混拌後盛盤，撒粗黑胡椒粉。

應用 1人份**45**kcal 鹽分1人份**1.1**g

酸芹菜雞肉三明治

吐司微烤更美味

材料（2人份）

醃漬酸芹菜⋯80g
雞胸肉⋯1片
鹽、胡椒粉⋯各少許
白酒⋯1大匙
〈芥末美乃滋〉
　美乃滋⋯4大匙
　黃芥末醬⋯1小匙
吐司片（8片入）⋯4片
奶油⋯2大匙

作法

1 酸芹菜切薄片。

2 雞肉放入耐熱容器中，撒鹽、胡椒粉、白酒。蓋保鮮膜，以微波爐加熱約四分鐘使其熟透，放涼後切薄片。

3 將芥末美乃滋的材料調勻。

4 吐司片稍微烤一下，單面厚塗一層奶油及3，夾入1及2，切成易入口的大小。

應用

1人份**730**kcal 鹽分1人份**3.3**g

171

利用芹菜葉多做一道佳餚

芹菜葉含豐富的 β 胡蘿蔔素及維生素 C，
讓我們一起把芹菜葉變得更美味！

醬油燉煮的濃郁滋味

佃煮風味煮芹菜葉吻仔魚

總熱量 223 kcal | 總鹽分 6.0 g

材料（方便製作的份量）

芹菜葉…約3根葉量（約120g）
吻仔魚…50g
芝麻油…1/2大匙
味醂…1大匙
醬油…1大匙
熟白芝麻粒…適量

作法

1 芹菜葉切大片。
2 平底鍋加芝麻油熱鍋炒吻仔魚，炒出香氣後加芹菜葉拌炒。
3 加味醂使其入味，繞圈淋入醬油混拌，煮至芹菜葉熟軟，最後加芝麻拌炒。

芹菜的清香，爽口宜人

芹菜葉鹽炒新馬鈴薯

1人份 104 kcal | 鹽分1人份 1.1 g

材料（2人份）

芹菜葉…約1根葉量（約40g）
新馬鈴薯…2顆
沙拉油…1小匙
奶油…1大匙
鹽、粗黑胡椒粉…各少許

（編注：新馬鈴薯外皮薄且富含水分，為日本特有品種）

作法

1 芹菜葉切大片，新馬鈴薯連皮對半切後切成薄片。
2 平底鍋加沙拉油及奶油熱鍋，翻炒馬鈴薯，熟透後加芹菜葉快速翻炒，最後以鹽、粗黑胡椒粉調味。

材料（2人份）

芹菜葉…約1/2根葉量（約20g）
小番茄…6顆
培根…1片
橄欖油…1小匙
顆粒高湯粉…1/2大匙
鹽、胡椒粉…各少許

作法

1 芹菜葉切碎。小番茄對半切，培根切成短條薄片。
2 鍋中加橄欖油及培根，以小火仔細拌炒，煎出油脂後，加小番茄快速翻炒。
3 加兩杯水、顆粒高湯粉，火轉大，煮滾後加入芹菜葉，撒鹽及胡椒粉。

充分品味西式料理中的芹菜香氣

小番茄芹菜葉湯

1人份 81 kcal | 鹽分1人份 1.8 g

青椒

青椒，人稱抗氧化維生素的寶庫。
綠色、紅色、黃色、橙色等，青椒的健康功效，因色彩而異。

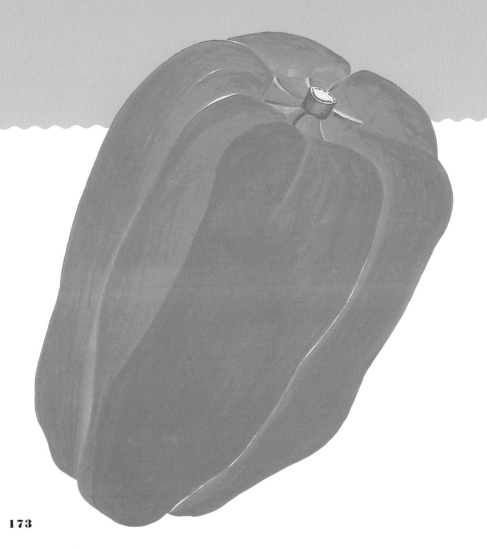

維生素C豐富，可強健血管、促進血液循環

青

椒原產於中南美，與番茄及茄子同樣為茄科蔬菜，屬於辣椒的一種。

在地理大發現時期，哥倫布從新大陸帶回西班牙，以西班牙文表示辣椒的「pimiento」的名稱廣布於歐洲各地。

今日的青椒經品種改良後，幾乎不含有辛味成分的辣椒素，所以不會辣。

據悉，辣椒於十六世紀末由葡萄牙人傳入日本，便於各地普及，然而青椒卻是在明治時代以後才開始在日本現身，並以法文「piment（辣椒）」之名於此落地生根。

剛開始，青椒獨特的草腥味讓人敬而遠之，遲遲無法普及，等到第二次世界大戰後，才慢慢出現在一般家庭的餐桌上，但這必須歸功

於當時努力改良品種的成果，培育出小型又無獨特香氣的青椒。

青椒的香味成分稱為「吡嗪」，可保持血液通暢，有效預防腦中風、心肌梗塞、心絞痛等症狀。香味成分在人體健康方面也發揮著重要的作用。

健康功效依顏色而有所不同

此外，青椒有許多種顏色。綠色的青椒是在未成熟時採摘。青椒成熟後，會變成紅色、黃色或橙色等多種色彩，每種顏色對人體都有益處。

舉例來說，青椒的色素為「葉綠素」。葉綠素以其除臭及殺菌等特性聞名，但其真正厲害之處是可增強免疫系統，對抗有害物質。葉綠素在體內流通時，亦可幫助排出膽固醇等有害物質，並具備造血、健胃等功能。

成熟的紅椒含有較多的β胡蘿蔔素，「辣椒紅素」等色素成分具有強大的抗氧化力，可保護身體免受老化及疾病等危害。

利用青椒的三種維生素，增強抗氧化力！

此外，青椒含有豐富維生素，是值得我們多加關注的蔬菜。其中，青椒維生素C的含量在蔬菜中名列前茅。一顆青椒所含維生素C與一顆檸檬一樣多甚至更多，一顆紅椒則含有兩倍以上維生素C。

青椒的優勢在於其含有豐富的β胡蘿蔔素（維生素A）、維生素C及維生素E。吃青椒，便可同時攝取三種維生素，增強抗氧化力，免受活性氧的危害。

COLUMN

紅椒的辣椒紅素功效

完全成熟的紅椒，甜度大增，且青椒特有的苦味及草味大幅減少。紅椒透過與青椒略有不同的營養成分，守護我們的健康。

首先，紅色色素成分「辣椒紅素」會替代葉綠素逐漸增加。辣椒紅素是植物為了保護細胞免受紫外線傷害而演化得來的成分之一，具有強大的抗氧化力，有望幫助人體增加好膽固醇，預防動脈硬化，抑制老化。

此外，維生素類也同樣隨著成熟生長而更加充實完備，β胡蘿蔔素、維生素C、維生素E及維生素U等，皆是紅椒含量更為豐富。

青椒
10種功效

青椒可幫助代謝體內有害物質，保持年輕狀態。以下介紹青椒所富含的各種有用成分。

功效 01

降低膽固醇

葉綠素賦予青椒深綠色的外皮，可降低血液中的膽固醇，膳食纖維也有助於排出膽固醇。

功效 03

清血，促進血液循環

青草味成分「吡嗪」可促進血液循環，葉綠素及鎂亦有造血作用，所以青椒可說是支援血液健康循環不可欠缺的必要蔬菜。

功效 02

使血管更強健、乾淨通暢

據悉，青椒所含的維生素P（維生素類似物）具有強化微血管，抑制出血的作用，亦有助於預防動脈硬化、腦血管疾病及潰瘍。

功效 04

促進體內解毒，排出毒素

青椒所含葉綠素可吸附小腸中的有害物質，將之排出體外；膳食纖維可改善腸道環境，增強體內解毒功能，幫助我們從內打造乾淨無毒的身體。

功效 08 保護眼睛健康

青椒富含的維生素C有益於眼睛的水晶體，有助於預防白內障。此外，β胡蘿蔔素可預防難以在黑暗中視物的夜盲症及眼睛乾澀。

功效 09 預防癌症

青椒的葉綠素已知具有抗癌作用，人稱抗氧化維生素的維生素A（β胡蘿蔔素）、C、E亦被公認具有增強免疫力的功效。

功效 10 增強精力，預防中暑

青椒亦含有維生素B$_6$、B$_2$，可幫助碳水化合物、脂肪及蛋白質的分解與燃燒，因此青椒與肉類的組合最適合增強精力，預防中暑。

功效 05 提高體溫，分解脂肪

維生素P、吡哆醇（維生素B$_6$）及維生素E可促進血液循環，溫熱身體，提高免疫力，還能刺激新陳代謝活化，幫助燃燒脂肪。

功效 06 強健頭髮及指甲

青椒富含的矽，是一種保持頭髮、指甲、骨骼及牙齒健康的必要礦物質。然而，隨年齡增長，體內矽會不斷減少，因此青椒是值得我們積極攝取的蔬菜。

功效 07 養顏美容

維生素C可幫助膠原蛋白生成，預防斑點，對美白效果極佳。青椒的維生素C不僅含量豐富，且耐熱為其最大特徵，尤其紅椒含量更是蔬菜中的佼佼者。

青椒本身雖帶苦味，但含有β胡蘿蔔素及眾多維生素，營養豐富。只要巧妙料理，一定能更美味又有效地攝取青椒的營養成分。

青椒的營養烹飪技巧 Q&A

Q 有沒有烹飪方法，可以幫助小朋友或大人克服討厭青椒？

A 搭配油脂，可以降低苦味。

許多人之所以討厭青椒，大多是因為其特有的草腥味。為了舒緩青椒的草腥味，建議用油調理，諸如炒、炸、燜燒等，或可與絞肉、培根、五花肉等油脂豐富的肉類一起烹煮，油脂會包覆青椒，減緩其苦澀。

若想進一步去苦味，可以切絲後快速汆燙備用。雖然汆燙後會流失維生素C，但討厭青椒的人，尤其是小朋友，重要的是先習慣青椒本身，因此無須太過在意營養損失。

Q 如何烹煮青椒，最能有效攝取營養？每天應食用多少份量？

A 用油調理，可增加胡蘿蔔素的吸收率。

青椒當然可以生食，但纖維較脆硬，因此所含維生素C不易因加熱而流失，這一點是青椒的最大特徵。此外，青椒含有豐富的胡蘿蔔素，與油搭配食用，可促進其吸收，因此炒、炸等烹飪方式最有效，淋上含油的醬料或沙拉醬也十分推薦。黃綠色蔬菜每日建議攝取量最低120g，因此如僅食用青椒，大致是四顆的份量。

Q 青椒與紅椒，營養價值不同嗎？

A 紅椒含有更豐富的胡蘿蔔素及維生素C。

紅椒是青椒成熟後，因紅色色素「辣椒紅素」增加而變紅，特徵是沒有青椒特有的草腥味，且甜味增加，胡蘿蔔素、維生素C也比青椒更豐富。此外，辣椒紅素具有抗氧化作用，可有效預防生活習慣病。

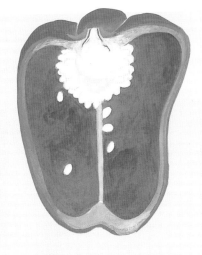

A

營養價值不變，
但口感上略有差異。

營養價值不變，但口感會不太一樣。例如，順著纖維紋路縱向切絲時，口感清脆，草腥味較不明顯；以橫向切斷纖維的方式切絲，口感偏軟嫩且氣味顯著，所以不妨根據料理或喜好分開使用。

Q 切法會影響青椒的美味或營養價值嗎？

Q 青椒的籽可以吃嗎？是否會影響營養及美味？

A 連籽吃最營養。

青椒的草腥味來自吡嗪，青椒籽及瓤肉也富含該成分。研究發現，吡嗪可使血液中的血小板不易凝固，促進血流通暢，因此烹煮時，建議全食利用，連籽一起食用最營養。

Q 甜椒適合哪些料理？

A 甜椒味甜，是一種便於生食的蔬菜。

相較於青椒，甜椒苦味較少，因此適合討厭青椒的人，可將之當作青椒使用。此外，甜椒清甜又比青椒水嫩，因此亦適合沙拉等生食，也沒有太過特殊的氣味，不論日式、西式、中式菜餚，都能廣泛應用，也是其魅力所在。

Q 甜椒與普通青椒營養價值不同嗎？

A 不一樣，但兩者都對人體健康有益。

甜椒的甜度比青椒更高，因此熱量也更高；此外甜椒口感比青椒更軟嫩，膳食纖維含量較少。甜椒中又以紅甜椒營養價值最高，尤其富含俗稱「回春維生素」的維生素E，為其一大特徵。維生素E與胡蘿蔔素、維生素C一同攝取，可提高抗氧化作用，因此甜椒三者兼具，堪稱是優良蔬菜。

此外，獅子唐甜辣椒也屬於青椒家族，與青椒同樣富含維生素C及胡蘿蔔素。

（編注：獅子唐甜辣椒為日本特殊品種，又稱日本小青椒。）

青椒全利用食譜

全食物利用的烹飪方式,手法十分簡單!
在此介紹可以享受青椒原有風味的美味食譜。

火烤青椒

直火烤過的青椒,
好吃到令人手舞足蹈!

（材料（2人份））

青椒…6顆
醬油…1大匙滿匙
薑泥…約1～2節

（作法）

1 將青椒縱向劃一刀。

2 放在烤爐的烤網上直接火烤,不時翻面直到
烤出焦黃。

3 於調理碗中加醬油及薑泥混拌,加2使其均勻
裹上醬料。

（1人份27kcal）（鹽分1人份1.5g）

義式香烤青椒

蒜香與起司的香蒜麵包粉，帶來一點義大利風味

1 人份 344 kcal　**鹽分 1 人份 1.9 g**

（材料（2人份））

青椒…8顆
〈香蒜麵包粉〉
　鹽…1/3小匙
　胡椒粉…少許
　蒜蓉…約2瓣
　麵包粉…2/3杯
　起司粉…40g
　橄欖油…3大匙

（作法）

1　用叉子於青椒多處戳洞。

2　將橄欖油以外的香蒜麵包粉材料混合後，再加橄欖油拌勻。

3　將青椒排放於耐熱盤上，鋪上2，以200℃烤箱烤約十五分鐘。

燜燒青椒

滿滿吸附了培根鹹香的青椒，真是人間美味！

（材料（2人份））

青椒…6顆
培根（丁）…40g
粗黑胡椒粉…少許

（作法）

1　培根切成1cm寬的方丁。

2　將培根放入平底鍋開火，煎出油脂後，以手壓扁青椒再放入鍋中翻炒。

3　青椒沾滿油脂後，加1/2杯水，煎煮至收汁，盛盤，均勻撒上粗黑胡椒粉。

1 人份 101 kcal　**鹽分 1 人份 0.4 g**

青椒威力升級食譜

青椒無須前置處理，所以可隨手應用在每日菜餚中。
和風、洋風、中國風……輪番使用，完整攝取青椒的營養美味。

滿滿青椒的經典菜色
深受大眾喜愛的下飯菜

青椒肉絲

材料（2人份）

青椒…6顆
水煮竹筍…小型1/2根
薑…1/4節
牛腿肉（烤肉用）…150g
〈牛肉調味〉
　醬油…1小匙
　酒…1小匙
　太白粉…1小匙
〈調味醬料〉
　醬油…1小匙
　蠔油…2小匙
　酒…1大匙
　雞湯粉…一小撮
沙拉油…1大匙

作法

1 青椒對半縱剖，去蒂去籽，縱向切粗絲，竹筍也切粗絲。薑切細絲。

2 牛肉切條，用牛肉調味的醬油及酒抓醃，沾抹太白粉。調味醬料的材料調勻備用。

3 平底鍋加沙拉油熱鍋，翻炒**1**的材料後，暫持取出備用。

4 將牛肉放入**3**的平底鍋中，炒至肉變色後，將**3**倒回鍋中拌炒，加調味醬料，繼續翻炒至收汁。

1人份 **263** kcal ｜ 鹽分1人份 **1.7** g

青椒燉油豆腐

青椒對切一半，使其吸附飽滿湯汁是美味的關鍵所在

材料（2人份）

青椒…4顆
油豆腐…1/2塊
高湯…1又1/2杯
酒…1大匙滿匙
醬油…1大匙滿匙
味醂…1大匙滿匙
薑泥…少許

作法

1 青椒對半縱剖，去蒂去籽。油豆腐從厚度切一半，再對角切成三角形。

2 鍋中加高湯、酒、醬油、味醂，開火煮滾後，加油豆腐煮約五分鐘。

3 將青椒加入2中，蓋上鍋中蓋，再煮五至十分鐘使其入味。盛盤，佐以薑泥裝飾。

1人份107kcal　鹽分1人份1.3g

南蠻醬漬青椒竹筴魚

炸過的青椒，香甜加倍更美味！

材料（2人份）

青椒…4顆
竹筴魚（三枚切法）
　…2尾
〈竹筴魚調味〉
｜鹽、酒…各少許
太白粉…適量
油炸油…適量

〈南蠻醋〉
｜醬油…2大匙
　醋…2大匙
　砂糖…1又1/3大匙
　高湯或水…3大匙
　紅辣椒圈…約1/2根

（編注：三枚切法為魚料理的特有切法）

作法

1 製作南蠻醋。將紅辣椒以外的材料放入鍋中稍微煮滾，關火加紅辣椒圈，倒入淺盤放涼。

2 青椒縱向切四等分，去蒂去籽。竹筴魚切成易入口的大小，撒調味用的鹽及酒，拭乾水分，沾抹太白粉。

3 油炸油加熱至160℃，放入青椒炸得油亮，取出瀝乾油，泡入1的南蠻醋中。將油溫拉高至180℃，放入竹筴魚油炸至酥脆，取出泡入1中醃漬。

1人份228kcal　鹽分1人份2.3g

青椒天婦羅

櫻花蝦的香氣與
竹輪鮮味的香酥口感

材料（2人份）

青椒…6顆
竹輪…1條
櫻花蝦…10g
麵粉…1大匙

〈麵衣〉
　麵粉…3/4杯
　蛋1顆+冷水…合計3/4杯
油炸油…適量
鹽、檸檬瓣…適量

作法

1 青椒對半縱剖，去蒂去籽，橫向切絲。竹輪先切成與青椒絲相當長度，再切條。

2 於調理碗中放入1及櫻花蝦，撒麵粉使整體均勻沾抹。

3 將麵衣材料混勻後加入2中，快速拌勻。

4 揚將油炸油加熱至170℃，用大湯勺將3輕緩地放入油中，麵糊邊緣開始脆硬後再翻面，利用筷子於麵糊戳洞，以便中心容易熟透，炸至酥脆。

5 瀝油後盛盤，撒鹽，佐以檸檬片。

1人份 561 kcal　**鹽分1人份 2.0 g**

青椒鑲肉

肉餡的鹹香
內含洋蔥甘甜，
與青椒微苦的
絕妙組合

材料（2人份）

青椒…4顆
〈肉餡〉
　牛豬混合絞肉…200g
　伍斯特醬…2大匙
　洋蔥末…約1/4顆
　麵包粉…1/4杯
　鹽、胡椒粉…各少許

麵粉…少許
沙拉油…1大匙
番茄醬…適量

作法

1 青椒對半縱剖，去蒂去籽。

2 將肉餡材料拌勻，分成八等分。

3 於1之青椒內側撒麵粉，將2填入青椒並塞飽滿。

4 平底鍋加沙拉油熱鍋，3的肉面向下入鍋。煎至焦黃後翻面，蓋鍋轉小火燜燒，使肉餡熟透。

5 盛盤，淋番茄醬。

1人份 353 kcal　**鹽分1人份 2.2 g**

青椒炒蛋

蛋汁調味後再炒，香醇倍增！

材料（2人份）

青椒…6顆
蛋…2顆
鹽、胡椒粉…各適量
美乃滋…1小匙
橄欖油…1大匙

作法

1. 青椒對半縱剖，去蒂去籽，橫向切絲。

2. 蛋打散，撒少許鹽及胡椒粉，混入美乃滋。

3. 平底鍋加橄欖油熱鍋，炒青椒，整體裹滿油後，加 **2** 拌炒至熟透，最後以鹽、胡椒粉調味。

1人份 **164** kcal　鹽分1人份 **1.0** g

材料（2人份）

青椒…4顆
〈麵衣〉
　蛋…1顆
　麵粉…1/4杯
　起司粉…1大匙
　粗黑胡椒粉…少許
　泡打粉…1/4小匙
油炸油…適量
鹽…少許

作法

1. 青椒對半縱剖，去蒂去籽。

2. 將麵衣材料放入調理碗中調勻。

3. 油炸油加熱至180℃，青椒裹上麵衣放入油中，炸至麵衣金黃酥脆。

4. 瀝油盛盤，佐一撮鹽。

起司酥炸青椒

淡淡的起司香撲鼻

1人份 **227** kcal　鹽分1人份 **1.3** g

青椒拌黑芝麻

黑芝麻香氣宜人

材料（2人份）

青椒…6顆
〈芝麻拌醬〉
　熟黑芝麻粒…3大匙
　醬油…1小匙
　砂糖…一小撮
　鹽…少許

作法

1. 青椒對半縱剖，去蒂去籽，橫向切絲。快速汆燙後，撈起瀝乾水分備用。

2. 用研缽將拌醬的芝麻粒半磨成碎粒，再加醬油、砂糖、鹽邊磨邊混拌，最後加 **1** 拌勻。

1人份 **105** kcal　鹽分1人份 **0.7** g

紅椒的特色是維生素含量比青椒更豐富，所以不妨多利用紅椒、紅甜椒烹飪，營養更加倍。

普羅旺斯風味 紅甜椒雜燴

只利用蔬菜本身的水分烹煮，吃得到蔬菜原有的清甜

材料（4人份）

紅甜椒…2顆
洋蔥…1顆
茄子…2根
蒜頭…1瓣
水煮番茄罐頭…1罐
橄欖油…2大匙
鹽…1/2小匙
胡椒粉…少許

作法

1 紅甜椒對半縱剖，去蒂去籽，滾刀切大塊。洋蔥順紋路切成瓣片，茄子滾刀切塊。蒜頭拍碎，水煮番茄搗碎。

2 於鍋中加橄欖油及蒜頭，小火拌炒，炒出蒜香後，加紅甜椒、洋蔥、茄子，火轉大，翻炒至食材熟軟。

3 加入水煮番茄，撒鹽、胡椒粉，煮至收汁。

1人份 122 kcal　鹽分1人份 0.7 g

紅甜椒濃湯

香、醇、甘、甜、一次擁有的珍藏食譜

材料（2人份）

紅甜椒…1顆
奶油…1/2大匙
顆粒高湯粉…1小匙
吐司片（去邊）
　…25g
牛奶…1/4杯
鹽、胡椒粉…各少許
黑胡椒粒…適量

作法

1 紅甜椒對半縱剖，去蒂去籽，滾刀切小塊。

2 鍋中融奶油炒1，加1又1/2杯水、顆粒高湯粉，煮至熟軟，整鍋直接放涼。

3 將2倒入食物調理機中，手撕吐司片加入，攪碎均勻。

4 將3倒回鍋中加熱，加牛奶，以鹽、胡椒粉調味，煮滾前關火。盛盤，現磨黑胡椒粒撒上。

1人份 97 kcal　鹽分1人份 1.4 g

鰻魚香煎紅甜椒

鰻魚的鹹香，猶如畫龍點睛

材料（2人份）

紅甜椒…2顆
蒜頭…1瓣
鰻魚…2尾
橄欖油…2大匙

作法

1 紅甜椒對半縱剖，去蒂去籽，切成八等分。蒜頭與鰻魚切碎。

2 平底鍋中加橄欖油、蒜頭、鰻魚，小火拌炒，蒜頭炒至焦黃後，加紅甜椒，快速翻炒。

1人份157kcal 鹽分1人份0.5g

紅椒素麵雜炒

方便、快速，立刻上桌的營養午餐！

材料（2人份）

紅椒…4顆
鮪魚罐頭…1小罐
萬能蔥…4根
素麵…2束
沙拉油…2大匙
鹽…1/3小匙
醬油…1/2小匙

作法

1 紅椒對半縱剖，去蒂去籽，縱向切絲。鮪魚瀝乾罐頭湯汁，萬能蔥切成蔥花。

2 準備一大鍋滾水煮素麵，再以濾網撈起仔細沖水，瀝乾水分，淋1大匙沙拉油拌勻。

3 平底鍋加1大匙沙拉油熱鍋，炒紅椒與鮪魚，加2繼續翻炒。加鹽、醬油調味，拌入蔥花。

1人份417kcal 鹽分1人份2.0g

青椒的實用常備菜

無法馬上使用的青椒，不妨做成常備菜，
希望多一道菜時，也能立刻派上用場。冷藏皆可保存二至三天。

鹽昆布漬青椒

昆布的清淡鹹香與甘味，凸顯青椒的美味

材料（方便製作的份量）

青椒…5〜6顆
鹽昆布絲…20g
紅辣椒圈…約1根

作法

1 青椒對半縱剖，去蒂去籽，配合鹽昆布的大小，縱向切絲。

2 將青椒絲放保鮮袋中，加鹽昆布及紅辣椒，用手搓揉。袋子封口，冰冷藏約半天，使其入味。

總熱量 58 kcal　總鹽分 3.6 g

柚子胡椒粉漬青椒

只需混拌，帶點香辣的大人口味

材料（方便製作的份量）

青椒…5〜6顆
柚子胡椒粉…1/2小匙

作法

1 青椒對半縱剖，去蒂去籽，縱向切絲。將青椒絲放入保鮮袋中，加柚子胡椒粉，用手搓揉均勻。

2 袋子封口，冰冷藏約半天使其入味，食用前擠出水分。

總熱量 35 kcal　總鹽分 3.6 g

青椒

薑的清脆口感與香氣
反而成了最大特色

薑漬青椒

總熱量 **57** kcal　總鹽分 **0.8** g

材料（方便製作的份量）

青椒…5～6顆
薑絲…約1節
顆粒高湯粉…1/4小匙
酒…1大匙

作法

1 青椒對半縱剖，去蒂去籽，橫向切粗絲。準備一鍋加少許鹽（額外份量）的滾水，快速汆燙青椒絲後，瀝乾水分。

2 將1放入保鮮袋中，加薑絲、顆粒高湯粉、酒，用手搓揉均勻。

材料（方便製作的份量）

青椒…5～6顆
〈韓式醬料〉
　鹽…1/2小匙
　醬油…1小匙
　芝麻油…2小匙
　白芝麻粉…1大匙
　長蔥蔥末…1大匙
　胡椒粉、蒜泥
　　…各少許
一味辣椒粉…少許

作法

1 青椒對半縱剖，去蒂去籽，橫向切絲。準備一鍋加少許鹽（額外份量）的滾水，快速汆燙青椒絲後，瀝乾水分。

2 將韓式醬料的材料放入調理碗中調勻，加1混拌均勻，最後撒上一味辣椒粉。

搭配韓式醬料，
令人胃口全開

青椒涼拌小菜

總熱量 **171** kcal　總鹽分 **4.1** g

吸附甘醇醬汁的青椒
令人齒頰留香

佃煮風味煮青椒

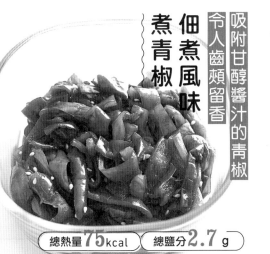

總熱量 **75** kcal　總鹽分 **2.7** g

材料（方便製作的份量）

青椒…5～6顆　　　醬油、味醂…各1大匙
高湯…1/2杯　　　熟白芝麻粒…少許

作法

1 青椒對半縱剖，去蒂去籽，橫向對切，再縱向切成1cm寬度。

2 鍋中加高湯、醬油、味醂，煮滾後加青椒，蓋上食品吸油紙。待青椒整體吸附煮汁後，移除食品吸油紙，繼續滾煮至收汁，最後混入芝麻。

189

用途廣泛的百搭小菜
柴魚醬煮青椒

〈材料（方便製作的份量）〉

青椒…8顆
芝麻油…1大匙
酒、味醂、醬油…各1大匙
柴魚片…1袋

（作法）

1 青椒對半縱剖，去蒂去籽，切成
　2cm方塊。

2 底鍋熱芝麻油炒青椒，待青椒沾
　滿油脂熟軟後，加酒、味醂、醬
　油、柴魚片，滾煮至收汁。

〈總熱量 213 kcal〉　〈總鹽分 2.7 g〉

清脆口感令人難忘
醋拌青椒

〈材料（方便製作的份量）〉

青椒…5～6顆
橄欖油…2大匙
〈醋拌液〉
　葡萄酒醋或醋
　　…2大匙
　鹽…1/2小匙
　砂糖…一小撮
　紅辣椒圈…約1根

（作法）

1 青椒對半縱剖，去蒂去
　籽，滾刀切成適口大小，
　以橄欖油熱鍋翻炒。

2 將醋拌液的材料放入調
　理碗中調勻，加1混拌。
　冰冷藏約半天，使其充
　分入味。

〈總熱量 268 kcal〉　〈總鹽分 3.0 g〉

居家常備菜應用
乾咖哩炒青椒

〈材料（方便製作的份量）〉

青椒…6顆
豬絞肉…200g
沙拉油…1大匙
咖哩粉…1小匙
月桂葉…1片
番茄醬…2大匙
伍斯特醬…2大匙
鹽、胡椒粉…各少許

（作法）

1 青椒對半縱剖，去蒂去籽後
　切碎。平底鍋加沙拉油熱
　鍋，將絞肉炒至鬆散變色，
　再加青椒繼續翻炒。

2 加咖哩粉拌勻，加月桂葉、
　番茄醬、伍斯特醬、1/2杯
　水，燒煮至收汁，最後以
　鹽、胡椒粉調味。

〈總熱量 679 kcal〉　〈總鹽分 5.2 g〉

薑

薑自古以來便富有「治百病食材」的盛名，
據說功效成分高達四百多種，其中最值得我們注意的是溫熱身體的效果。
就讓我們善用薑的力量，打造不生病的體魄。

利用薑暖身，身體自然百病不侵！

薑

原生於熱帶亞洲，於二至三世紀從中國傳入日本，據悉，於奈良時代（七一〇至七九四年）便開始栽種。薑在世界各國主要作為香辛料及藥材使用，由於其營養成分具有非常優異的功效，今日仍被廣用於許多醫療中藥。

薑的功效主要由辛味成分「薑油」、「薑酮」、「薑酚」及芳香成分「薑醇」、「薑萜」、「檸檬醛類」、「薑黃素」等四百多種成分相互作用而產生。

藉由食用溫熱身體，讓所有疾病遠離

薑的核心功效，一定會提及其「溫熱身體的力量」。薑可促進血流、提升體溫，從而增強代謝，促進脂肪及碳水化合物的燃燒，因而改善肥胖，並淨化萬病之源的血中汗垢，幫助人體遠離生活習慣病等多種疾病。

今日大多數的日本人可說體溫都偏低。據估計，體溫高的人，頂多只有攝氏三十六點二至三十六點三度，多數人大多落在三十五度左右。這種低體溫狀態不僅會造成肩頸僵硬、頭痛、生理痛等日常不適，更是招致癌症、生活習慣、過

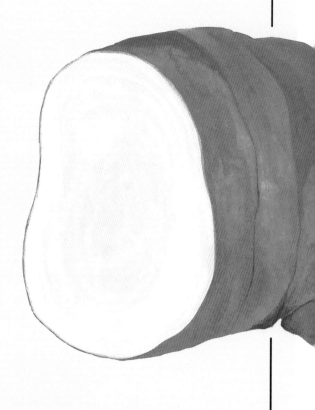

敏、自體免疫疾病等多種疾病的根源，因為手腳冰冷容易導致免疫力下降，變得容易生病。

據統計，人體體溫每下降一度，免疫力便會下滑超過三成；反之，若人體比正常體溫上升一度時，免疫力會暫時提高五至六倍。

亦有實驗數據顯示，癌細胞在體溫三十五度時數量最多，但在三十九點六度下不會滅亡。

藉由熱敷外用，讓身體保暖袪寒氣

寒冷的冬季正是薑上場的最佳時機。把薑視為一種食物食用時，可根據自己的體況來調整每日攝取量，重點在於即便少量也堅持每日不間斷地持續食用。不單單應用在日常料理中，亦可嘗試做成甘醋漬等保存食品，或是製法簡單的薑紅茶等，相信更能輕鬆地維持健康攝取量。

此外，透過熱敷等溫熱療法，或是利用精油的芳香療法等，也能獲得薑的功效。建議可以挑一顆大一點的薑磨成泥，裝入棉布袋中浸泡於浴缸，舒服地泡一場暖身薑浴，或是泡泡腳也是不錯的方式。

透過熱水與薑的暖身力量可以直達體內核心，因此泡完澡後，保證全身暖呼呼。

英文的「ginger」另有「活力」之意，所以薑可謂是刺激全身細胞恢復活力的能量來源，可強健精氣神，提高免疫力，治癒百病的靈丹妙藥。

COLUMN

這類人應避免或減少吃薑

薑會促使新陳代謝活化，因此可能導致下列症狀惡化。如有以下症狀，請避開薑的攝取：

● 體溫超過39.0度
● 食用後，舌頭或臉色異常潮紅
● 心跳一分鐘超過一百下
● 皮膚極度乾燥
● 有明顯脫水症狀

薑會刺激新陳代謝，若輕易食用將可能使以上症狀變得更嚴重。

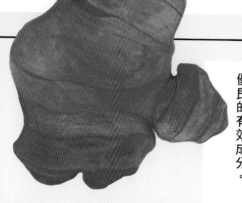

薑 10種功效

薑所含有的功效成分據稱，共多達四百多種，以下介紹其中幾種優良的有效成分。

功效 01 增強免疫力

薑中所含的薑油，可促進白血球數量增長，使其活化，發揮抗氧化作用，透過強勁的免疫力，分解有害物質的毒素或將之排出體外，打造不易生病的身體，亦可抑制因過度的免疫反應引起過敏等免疫異常症狀。

功效 02 促進發汗、利尿

薑酚可刺激腎上腺髓質分泌腎上腺素，提高新陳代謝，因而改善血液循環，使體溫升高，刺激體內各種管腺組織，促進發汗，有助促使排尿清利，改善體內累積多餘的水分，淨化血液。

功效 03 使血壓恢復正常

薑促進血液循環的作用，似乎可幫助血壓偏高的人降低10～15mmHg左右；相反的，血壓偏低之人，則可助其血壓上升。

功效 04 促使血液通暢

薑可抑制血小板凝集，保持血流通暢，不易形成血栓，抑制動脈硬化，且能預防腦中風、心肌梗塞及高血壓！

改善憂鬱症狀 功效08

就如中醫所說的「通氣」，使大腦血流順暢，可改善抑鬱情緒。薑可刺激腎上腺髓質，分泌腎上腺素，增強氣血能量。

功效09 促進消化

薑可改善胃腸道管壁的血液循環，提高消化吸收，還可增強蛋白質分解酵素的作用，促進膽汁分泌，幫助蛋白質及脂肪的分解。

強心作用 功效10

薑可刺激心肌，增強心臟收縮力，有助於緩慢地減緩心跳速度，藉此可促進血液流通全身。

解熱、止痛、消炎、 功效05

薑的解熱、止痛功效，相當於阿斯匹靈的八成威力。此外亦有研究顯示，薑可發揮與吲哚美洒辛（譯注：一種非類固醇消炎止痛藥）相同程度的消炎及止痛效果。

功效06 止咳、化痰、舒緩鼻塞症狀，

經加熱而生成的薑酚具有止咳化痰的作用，且可改善血液循環、消炎、緩解鼻塞症狀。

殺菌作用 功效07

據說薑對病毒及細菌具有非常強大的殺菌作用，尤其是肺炎菌及食物中毒菌等。壽司店會搭配生薑片，也是源自這個道理。

薑的營養烹飪技巧 Q&A

儘管薑擁有豐富的營養成分，但生食嗆辣，難以入口。以下介紹薑的烹飪技巧，可以讓我們更輕鬆地每日食用。

Q 食譜中經常出現「薑1節」、「薑汁約1節」的描述，究竟是多少份量？

A 相當於拇指第一關節的大小，約15～20g。

「蒜頭一瓣」所指份量簡單明瞭，但「薑一節」卻只是一個很粗略的參考指標，不妨記住「大約成人拇指指尖至第一關節的大小」。儘管男女之間多少有些差異，但不至於差太多。「薑汁約一節」指的便是一節15～20g的薑磨成泥後壓榨成汁的份量，比一大匙再多一些。

Q 薑的功效會依種類而有所不同嗎？

A 如欲提高免疫力，老薑最佳。

薑大致可分成兩種，一種是當年新生且外表白嫩的嫩薑（芽薑），另一種是前一年將肉薑重新種植回土壤生長，薑肉堅硬且纖維質豐富的老薑（譯注：台灣大多是肉薑不採收繼續種植成老薑，少數民眾也會利用肉薑種植成老薑）。據悉，嫩薑殺菌力強，老薑則有明顯的增強免疫力功效，這就是壽司店經常利用嫩薑製作壽司薑片的主要原因。

薑並無特別規範每日建議攝取量，以一節（15～20g）作為參考，應屬恰當。至於「是否不宜吃太多」的問題，關於這一點似乎有明顯的個人差異，有些人一次吃太多薑，可能會引起胃不舒服，甚至胃痛。透過持續食用薑，即使少量，其功效也會在體內發揮作用，因此並不是吃很多，就能讓人身體健康。

Q 聽說薑不削皮營養價值更高，是真的嗎？

A 是的，薑的表皮含有近七成的營養成分。

薑的表皮下方的細管中含有芳香性的油性液體，俗稱精油。薑含有四百多種成分，其中芳香精油與辛味成分相互作用，產生各種功效，因此建議薑連皮洗淨，一同使用。

Q 聽說薑切開後，三分鐘以內功效最強是真的嗎？該如何保存？

A 是的。為了充分發揮功效成分，應注意烹調順序。

薑的功效成分容易氧化，薑油接觸空氣三分鐘後便開始減少，十五分鐘後降低約三成。炒菜時，建議最後切薑，且第一道入油拌炒。如果當香辛料使用，同樣建議食用前再磨成泥。

Q 薑泥可以冷凍保存嗎？

A 這是每天吃薑的聰明辦法。

儘管薑磨成泥後冷凍會減弱功效，但我們關注的重點是每日持續食用。所以如果冷凍方便你養成天天食用的習慣，但做無妨。薑磨成泥後，會破壞細胞，容易釋放出具有功效的辛味成分及芳香成分。這些成分如不立即處理，會就此揮發，因此如欲冷凍保存，磨泥後應立刻以保鮮膜包覆容器，或裝入冷凍用保存袋中密封，避免接觸空氣。功效雖然會減弱，但不失為方便每日攝取的保存方法。

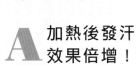

A 功效雖然減弱，但方便又美味。

把薑泡在水中，或是用滾水燙過，可減少辛味，但功效也會因此減弱，不過把薑加以處理，做成可隨時食用的狀態或調味保存，便可輕鬆地於每日飲食中攝取到薑。希望多一道菜色或時間不夠時，非常方便。

舉例來說，本書中介紹的「黑醋漬薑絲」，可做成水餃沾醬、沙拉醬、醃漬物，淋上冰淇淋也十分美味。薑可搭配的菜色，其實比我們想像的更多樣，不妨多方嘗試。

Q 把薑做成常備菜，還有營養價值嗎？

Q 薑的功效會因生食或熟食而改變嗎？

A 加熱後發汗效果倍增！

生薑中所含薑油具有非常強大的提振免疫力作用，加熱超過30度時，薑油會開始轉變成薑酚，薑酚可改善循環、促進發汗。加熱至60度，薑油與薑酚數量各半，加熱至100度，薑酚數量明顯變多。因此，不妨在快要感冒或感冒初期，利用生薑作為香辛料，增強免疫力；感冒期間，可於大約70度的溫熱水中加薑汁做成熱薑茶飲用，提升免疫力，促進發汗。如欲改善手腳冰冷或身體浮腫，則建議將薑茶煮沸。希望進一步增強發汗作用時，不妨利用薑末炒菜。當溫度達180度時，薑酚可發揮最大效用。

薑威力升級食譜

只要一小節，就能讓身體暖烘烘。薑可以溫熱身體，促進血液循環。
以下介紹得以善用薑之功效的美味食譜。

滿滿薑泥雞肉丸串燒

清淡的味噌香搭配新鮮出爐的肉丸子，讓人一口接一口！

材料（2人份）

雞絞肉…200g
薑…1節
萬能蔥…4根
味噌…1/2大匙
蛋液…約1/2顆
太白粉…2大匙
沙拉油…少許

作法

1 薑切細末，萬能蔥切成蔥花。

2 將絞肉、**1**、味噌、蛋液、太白粉放入調理碗中，用手混拌均勻。

3 將**2**的肉餡分成四等分，分別包覆一支免洗筷或粗竹籤，塑形成長條狀肉串。

4 平底鍋加沙拉油熱鍋，將**3**放入煎燒，表面煎至焦黃後，轉小火、蓋鍋蓋，燜燒至肉餡熟透。

1人份238kcal　鹽分1人份0.8g

198

咖哩薑汁燒肉

令人食指大動

咖哩與薑的香氣，

〔材料（2人份）〕

豬里肌肉片
　（薑汁燒肉用）…6片
〈豬肉調味〉
　薑汁…1小匙
　醬油…1又1/2大匙

酒…1又1/2大匙
咖哩粉…1/4小匙
韭菜…1/2束
豆芽菜…100g
沙拉油…1/2大匙

〔作法〕

1 於淺盤上將調味用材料混合，放入豬肉醃製十分鐘。

2 韭菜切成4cm長度。準備一鍋滾水，加少許鹽及沙拉油（額外份量），將韭菜與豆芽菜一起快速汆燙，撈起瀝乾水分。

3 平底鍋加沙拉油熱鍋，除去豬肉上的醬汁排放入鍋，煎至兩面焦香，再倒入盤中剩餘的醬汁，均勻沾滿肉片。

4 將2盛盤，再將肉片連醬汁擺放於蔬菜上。

1人份 316 kcal　鹽分1人份 2.1 g

牛肉牛蒡時雨煮

加滿青蔥，搭配薑的香氣，口感十足

〔材料（2人份）〕

碎牛肉…150g
薑…1節
長蔥…1/2根
牛蒡…1/2根
沙拉油…1小匙

高湯…1～1又1/2杯
味醂…1/2大匙
砂糖…1/2大匙
醬油…1又1/2大匙

〔作法〕

1 牛肉如果較大塊，切成5mm寬度，薑切絲，長蔥斜切成蔥片。牛蒡削細絲後泡水，瀝乾水分備用。

2 鍋中以沙拉油熱鍋，加薑、長蔥、牛蒡翻炒至熟軟。

3 加高湯開大火，煮滾後撈除浮渣，加味醂、砂糖、一半醬油拌炒，砂糖融化後，分次放入適量牛肉，翻炒撥鬆。

4 牛肉全數鬆散後，撈除浮渣，轉小火煮約十分鐘，倒入剩餘的醬油調味。

1人份 314 kcal　鹽分1人份 1.8 g

薑炒馬鈴薯香腸

搭配胡椒的微辛風味，
令人意猶未盡

（材料（2人份）

馬鈴薯…2顆
香腸…2條
薑…1節
沙拉油…1/2大匙
奶油…1大匙
番茄醬…1大匙
伍斯特醬…1/2小匙
粗黑胡椒粉…少許

（作法）

1 馬鈴薯切絲泡水後瀝乾水分，香腸切條、薑切細絲。

2 平底鍋中加沙拉油及奶油開火，等奶油融化再放入薑及香腸拌炒。

3 薑炒出香氣後，加馬鈴薯拌炒至透明，再以番茄醬及伍斯特醬調味，最後撒粗黑胡椒粉。

1人份 253 kcal｜鹽分1人份 0.9 g

薑絲培根捲

培根油脂香氣
能舒緩薑的辛辣

（材料（2人份）

薑…2節
培根…3片
〈麵衣〉
　麵粉、水…各適量
油炸油…適量
檸檬瓣…適量

（作法）

1 薑切絲，培根長度對切一半。

2 薑絲放於培根上捲起。

3 麵粉及水以相同份量混合，調製麵衣。

4 油炸油加熱至170℃，將2裏上3的麵衣，依序放入油中，炸至金黃酥脆，佐以檸檬片盛盤。

1人份 200 kcal｜鹽分1人份 0.6 g

薑香撲鼻的大人口味

薑絲章魚炊飯

1人份 **302** kcal　鹽分1人份 **1.4** g

水煮雞肉的鮮甜與薑味
令人大呼過癮

新加坡口味
海南雞飯

1人份 **653** kcal　鹽分1人份 **1.9** g

材料（6人份）

米…3米杯
薑…3節
水煮章魚腳…200g
酒…1又1/2大匙

味醂…1又1/2大匙
薄鹽醬油…1又1/2大匙
鹽…1/2小匙

作法

1. 米洗淨後，以濾網瀝乾水分，放入陶瓷鍋中，加三杯水，浸泡三十分鐘以上。

2. 薑切絲，章魚切薄塊。

3. 於1中加酒、味醂、薄鹽醬油、鹽，稍微混拌，再依序放入章魚及薑絲。

4. 將3放於爐上，開略強的中火，冒出蒸氣後，轉小火，煮十至十二分鐘。轉文火再炊五分鐘後，關火燜蒸五分鐘。食用時將米飯與餡料稍微混拌。

材料（2人份）

無骨雞腿肉…大型1片
鹽、粗黑胡椒粉…各適量
長蔥葉段…約1/2根
薑片…約1節
蒜片…約1瓣
米…1又1/2米杯
香菜…適量
檸檬瓣…2塊

〈醬料A〉
　醬油…2小匙
　芝麻油…1/2小匙
〈醬料B〉
　雞湯汁…2小匙
　薑泥…少許

作法

1. 將腿肉對切一半，用叉子於多處戳洞，抹上1小匙鹽及適量粗黑胡椒粉。將米洗淨後，以濾網瀝乾備用。

2. 鍋中放四杯水、蔥葉段、薑、蒜頭後煮滾，加1的雞肉煮二十至三十分鐘。取出雞肉，湯汁過濾後備用。

3. 於電子鍋中加米、1又1/2杯2的雞湯汁，一小撮鹽及少許粗黑胡椒粉，依一般程序煮飯。

4. 將3的白飯盛盤，2的雞肉切成易入口的大小，撒上切碎的香菜，佐以檸檬片。食用時，將A及B的醬料淋於肉或飯上同時享用。

薑香滿溢的火鍋湯品

在火鍋或湯品中加入薑片，不僅健康滿分，還能預防手腳冰冷。
以下介紹一年四季都能享用的美味菜色。

薑的雙重利用，滋養加倍

薑燒萵苣豬肉涮涮鍋

材料（2人份）

豬肉涮片…150g
萵苣…1/2顆
薑…1節
酒…1/4杯
昆布高湯…3杯
〈薑絲橘醋醬〉
　薑絲…約1/2節
　橘醋醬油…2大匙
〈薑泥美乃滋醬〉
　薑泥…約1/2節
　美乃滋…2大匙

作法

1 萵苣撕大塊，薑切薄片。

2 將醬料材料個別調勻。

3 於陶瓷鍋中加酒、昆布高湯、薑片煮滾，飄出薑的香氣後，加萵苣及豬肉快速煮熟，隨附兩種醬料上桌。

4 於餐碗中倒一些醬料及湯汁混勻，豬肉及萵苣蘸醬享用。

1人份286kcal　鹽分1人份1.9g

薑絲豆漿味噌湯

濃郁香醇、豆漿營養豐富

材料（2人份）

薑…1節
蘿蔔…2cm
胡蘿蔔…2cm
油豆腐皮…1/2片
高湯…1杯
豆漿…1/2杯
味噌…1大匙

作法

1. 薑切絲，蘿蔔及胡蘿蔔切成四分之一圓片。油豆腐皮去油後，切成短條薄片。

2. 於鍋中加高湯及 1，開火煮滾後，撈除浮渣繼續滾煮。

3. 胡蘿蔔熟軟後，加入豆漿溫熱，最後溶入味噌。

1人份 86 kcal ・ 鹽分 1人份 1.2 g

蛤蜊薑絲湯

薑混和芝麻油香氣，搭配出中華風味

材料（2人份）

帶殼蛤蜊…250g
薑…1節
酒…1大匙
鹽…1/4小匙
芝麻油…1/2小匙

作法

1. 蛤蜊泡鹽水（額外份量）吐沙，將蛤蜊殼互搓清洗。薑切細絲。

2. 鍋中加兩杯水及 1，蓋鍋開火滾煮，蛤蜊開口後，撈除浮渣。

3. 加酒及鹽調味，最後淋上芝麻油，增添風味。

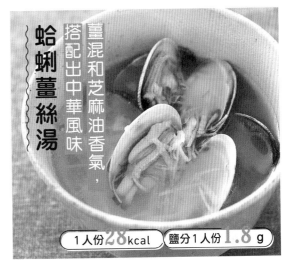

1人份 28 kcal ・ 鹽分 1人份 1.8 g

薑絲番茄蛋花湯

讓清淡湯品更濃郁。培根與橄欖油，當早餐也很合適。

材料（2人份）

番茄…1顆
蛋…1顆
培根…1片
薑…1節
橄欖油…1小匙
顆粒高湯粉…1小匙
鹽、胡椒粉…各少許

作法

1. 番茄切丁、蛋打散、培根切條、薑切絲。

2. 鍋中加橄欖油、培根、薑絲，以小火拌炒，加番茄快速翻炒。

3. 加兩杯水、顆粒高湯粉，火轉大，煮滾後撈除浮渣，以鹽、胡椒粉調味。

4. 繞圈加入蛋液，蛋花凝固浮起後，即可關火。

1人份 119 kcal ・ 鹽分 1人份 1.4 g

薑的實用常備菜

利用薑做成常備菜，每天都想吃的好美味，
應用菜色也極為推薦。冷藏皆可保存三至四天。

常備菜

黑醋漬薑絲

使用酸味溫和的黑醋製成醇厚甘醋漬，
不僅可直接食用，亦可用於
醋漬菜餚、水餃沾醬、沙拉等。

（材料（方便製作的份量））

薑…150g
鹽…少許

〈甘醋〉
　黑醋…1/2杯
　砂糖…1/4杯
　鹽…1小匙

（作法）

1 薑順著纖維紋路切絲，快速泡水後瀝乾水分。

2 準備一大鍋滾水，放入1，再次煮沸後撈起，平
　鋪於濾網上，撒鹽放涼。

3 於鍋中加入甘醋材料，開火煮至砂糖融化，即可
　關火。

4 將2放入保存容器中，倒入3，浸漬半天以上。

總熱量 215 kcal　總鹽分 6.4 g

（材料（2人份））

水餃（市售品）…10～12顆
〈黑醋醬油〉
　黑醋漬薑絲…1大匙
　黑醋漬薑絲的醃漬醬汁…1大匙
　醬油…1大匙

（作法）

1 將黑醋醬油的材料調勻。

2 準備一大鍋滾水煮水餃，瀝乾水分後盛
　盤，蘸1享用。

1人份 215 kcal　鹽分1人份 2.9 g

應用

味道清新爽口，
又有減鹽效果

水餃黑醋醬油

叉燒水菜沙拉

（材料（2人份））

叉燒（市售品）…50g
水菜…1/3束
〈薑絲黑醋醬〉
　黑醋漬薑絲…1大匙
　黑醋漬薑絲的醃漬醬汁
　　…2大匙
　醬油…1大匙
　芝麻油…1小匙

（作法）

1 叉燒切成易入口的大小，水菜
切成4～5cm長段。

2 將薑絲黑醋醬的材料調勻。

3 將1放入調理碗中，加2拌勻。

（1人份99kcal）（鹽分1人份2.7g） 應用

應用

濃郁香醇、酸味適中，
怕酸的人也能盡情享用

醋拌醋漬鯖魚

（材料（2人份））

醋漬鯖魚（市售品）…100g
小黃瓜…1/2根
鹽…少許
黑醋漬薑絲…1大匙
黑醋漬薑絲的醃漬醬汁
　…1大匙

（作法）

1 醋漬鯖魚切成5mm厚大小，小黃瓜
切絲，撒鹽抓醃後，擠出水分。

2 將1混合，加黑醋漬薑絲及醃漬醬
汁，混拌均勻。

（1人份187kcal）（鹽分1人份1.6g）

甘醋漬薑片

利用順口的蘋果醋,清爽可口。
除了當配菜,亦可用來
拌菜、做沙拉、炒菜。

(材料(方便製作的份量))

嫩薑…200g
〈甘醋〉
　蘋果醋…1杯
　砂糖…2大匙
　鹽…1小匙

(作法)

1 嫩薑順著纖維紋路切薄片,泡水十分鐘後瀝乾。

2 將甘醋材料加入保存容器調勻。

3 準備一鍋滾水,加 1 燙約三十秒,以濾網撈起,趁熱加入 2 中醃漬。

(總熱量 181 kcal) (總鹽分 5.9 g)

應用

素麵雜炒

薑的脆嫩口感,微辣刺激,略帶清香的甘醋,爽口宜人

(材料(2人份))

素麵…3束
鮪魚罐頭
　…1小罐(80g)
甘醋漬薑片…20g
沙拉油…1大匙
鹽…1/2小匙
胡椒粉…少許
醬油…1/2小匙
萬能蔥蔥花…適量

(作法)

1 準備一大鍋滾水煮素麵,再以流動水沖洗,以濾網撈起瀝乾水分,淋1/2大匙沙拉油(額外份量)拌勻。鮪魚瀝乾罐頭湯汁,甘醋漬薑片切粗絲。

2 平底鍋加沙拉油熱鍋,放入鮪魚拌炒撥鬆,加素麵翻炒。

3 加甘醋漬薑絲,整體拌勻後,以鹽、胡椒粉調味,最後繞圈淋上醬油,再稍微混拌。盛盤,撒蔥花。

(1人份 464 kcal) (鹽分1人份 2.7 g)

206

兩種芳香香辛料的搭配組合

涼拌鰻魚蘘荷

材料（2人份）

蒲燒鰻魚…1串
蘘荷…2顆
甘醋漬薑片…20g

作法

1 將蒲燒鰻魚切條，蘘荷對半縱
　剖，斜切成薄片，泡水後瀝乾
　水分。

2 甘醋漬薑片切絲，與1混拌均
　匀。

應用

1人份 154kcal　鹽分1人份 0.8 g

應用

可以吃到許多
高麗菜的爽口和風沙拉

高麗菜甘醋薑沙拉

材料（2人份）

高麗菜…200g
甘醋漬薑片…20g
熟白芝麻粒…1/2大匙
海苔細絲…適量

作法

1 高麗菜剁切成4cm方塊，撒1/4
　小匙鹽（額外份量）抓醃後，擠
　出水分。

2 甘醋漬薑片切粗絲。

3 將1、2、芝麻放入調理碗中大致
　混拌，盛盤，撒海苔細絲。

1人份 43kcal　鹽分1人份 0.8 g

蜂蜜漬薑片

剛做好也十分美味，但多浸泡一天，等蜂蜜入味，更是酸甜好滋味。小菜、配飯、飲料、點心……可應用範圍十分廣泛。

（材料（方便製作的份量））

薑…150g
蜂蜜…適量
檸檬汁…約1/2顆

（作法）

1 薑順著纖維紋路切薄片，快速泡水後瀝乾水分。以滾水快速汆燙，撈起放涼備用。

2 將1放入保存容器中，淋滿蜂蜜蓋過薑片，加檸檬汁醃漬。

總熱量461kcal 總鹽分0.0g

（材料（2人份））

無骨雞腿肉…大型1塊
〈浸漬醬汁〉
 蜂蜜漬薑片的醃漬醬汁…2大匙
 醬油…2大匙
蜂蜜漬薑片…10～12片

（作法）

1 雞肉切除多餘油脂後，切成兩等分，用叉子於多處戳洞，使其更容易入味。

2 將浸漬醬汁混合，醃漬1約三十分鐘。

3 拭去2雞肉上的湯汁，以烤爐烘烤（若無烤爐，可用平底鍋兩面煎燒，再蓋鍋蓋以小火悶煎）。

4 切成易入口的大小後盛盤，佐以蜂蜜漬薑片。

香烤蜜漬薑汁雞腿

烤得香酥的雞皮，搭配鮮嫩多汁的雞腿肉！

應用

1人份310kcal 鹽分1人份2.7g

208

只需蜂蜜漬薑片與鹽，
超簡便！

蜜漬薑絲拌壽司

〈材料（2人份）〉

白飯（溫）…2大碗
〈拌醋〉
　蜂蜜漬薑片的
　　醃漬醬汁…1大匙
　鹽…少許
蜂蜜漬薑片…30g
吻仔魚…30g
味付海苔…適量

〈作法〉

1 將拌醋材料混合，加入泛中混拌。
2 蜂蜜漬薑片切絲。
3 等1放涼後，混入2與吻仔魚。
4 盛盤，捏碎付味海苔擺飾。

1人份 323 kcal ｜ 鹽分1人份 1.5 g

〈材料（2人份）〉

蘋果（紅玉）
　…1/2顆
奶油…1大匙
蜂蜜漬薑片…8片
蜂蜜漬薑片的
　醃漬醬汁…2大匙

〈作法〉

1 蘋果連皮切成1.5cm方塊，奶油切小塊。
2 將兩張鋁箔紙疊合攤開，擺上蘋果、蜂蜜漬薑片、奶油，淋上醃漬醬汁。
3 鋁箔紙封口，放入250℃的烤箱烤約十五分鐘。
4 從鋁箔紙中取出蘋果，分裝兩份後盛盤。

薑香四溢的水果甜點

紙包蜂蜜薑熱蘋果

1人份 123 kcal ｜ 鹽分1人份 0.1 g

促進血液循環，
溫暖舒心

薑片蜂蜜飲

〈材料（2人份）〉

蜂蜜漬薑片…約6片
蜂蜜漬薑片的醃漬醬汁…6大匙
熱水…1又1/2杯

〈作法〉

於杯中加入蜂蜜漬薑片及醃漬醬汁，倒熱水攪拌。

1人份 125 kcal ｜ 鹽分1人份 0.0 g

薑泥味噌

加了滿滿薑泥的微甜味噌，
可以當蔬菜或生魚片的佐料，
亦可替代田樂味噌或烤飯糰。

材料（方便製作的份量）

薑泥…2大匙
味噌…120g
砂糖…1大匙滿匙
味醂…2大匙
高湯…3大匙

作法

1 將所有材料放入小鍋中調勻。

2 開中火，攪拌熬煮至濃稠。

總熱量 324 kcal　總鹽分 14.9 g

薑泥味噌炒蛋蓋飯

作為便當菜超適合！

應用

材料（2人份）

蛋…2顆
薑泥味噌…2小匙
沙拉油…1/2大匙
白飯（溫）…300g

作法

1 蛋打入碗中，加薑泥味噌攪拌均勻。

2 平底鍋加沙拉油熱鍋，倒入 1 製作炒蛋。

3 於碗中盛飯，鋪上 2，另外加少許薑泥味噌裝飾（額外份量）。

1人份 369 kcal　鹽分1人份 0.8 g

竹筴魚泥

只需準備竹筴魚生魚片，就能即刻上菜

應用

材料（2人份）

竹筴魚生魚片…約1尾
萬能蔥…3根
薑泥味噌…1/2大匙
青紫蘇…4片

作法

1 將生魚片剁碎，萬能蔥切成蔥花。

2 將 1 放入調理碗中，加薑泥味噌混拌。

3 於容器中鋪青紫蘇，盛上 2。

1人份 73 kcal　鹽分1人份 0.6 g

蔥

～～～～～～～

古文曰：「蔥為氣之所在」，
蔥具有「通氣」的卓越力量，
還能減緩威脅現代人健康的血液循環問題。

強健血管、提高體溫，打造不容易生病的身體！

蔥

與洋蔥、韭菜、蒜頭皆為百合科蔥屬蔬菜，這些蔬菜的共通特色，是都帶有刺鼻的氣味及辛味成分「蒜素」的「硫化丙烯」（一種硫化合物）。

蒜素具有強健血管的作用，此外尤其擔心代謝症候群的人，更不可忽視蔥防止血栓、降低血中膽固醇及血糖的作用。

清血效果，防止動脈硬化

癌症是日本人的主要死因，其後緊接著心肌梗塞等心臟病及腦中風等腦血管疾病，兩者皆與動脈硬化有關。動脈硬化是血管失去彈性變硬，以及膽固醇堆積於血管壁內側，使管壁變厚致使管腔狹窄，導致血液難以流通的狀態。

動脈硬化屬於一種老化現象，因此在某種程度上我們也無可奈何，但高膽固醇、高血壓、糖尿病、抽菸等會加速動脈硬化的發展。動脈硬化的可怕之處在於患者毫無主觀症狀，某天突然因血栓堵塞血管，導致危及生命的情況。

蔥具有強烈抑制血小板凝集的作用，可清血、防止血小板凝集生成血栓。動物實驗亦證實，蔥所含

的營養成分具有軟化血管、降低血壓等等作用。

覺得身體不適時，更應善用蔥的溫熱效果

此外，不得不提的是蔥溫熱身體的效果！常言道「手腳冰冷為萬病之源」，停滯體內的多餘水分會使身體涼冷，減緩細胞代謝功能，造成免疫力下降，從而導致頭痛、生理痛、體質虛弱、生活習慣病、慢性疲勞、癌症、憂鬱等各種不適症狀或疾病。蔥中所含硫化合物，針對這類手腳冰冷，可發揮非常優異的改善效果，其作用之顯著，在我們吃生蔥時，便可立即感受到體溫升高，瞬間冒汗。

所以，當你覺得身體莫名疲倦、沒精神、心情鬱悶時，不妨多吃一點蔥，排出體內多餘的水分，

改善手腳冰冷，不適症狀自然會逐漸獲得改善。

蔥除了能改善血液循環、促進發汗外，還有利尿、去痰、強壯、驅蟲等良好功效。感冒發燒時吃蔥，可以排出體內廢棄物、解毒、消炎、解熱，同時蔥特有的成分蔥

醇（譯註：此成分目前尚無生物化學方面的實證文獻。）具有強大的抗菌及抗病毒作用，可望對抗感冒病毒的侵害。

蔥不僅可作為香辛料使用，還可烤、可炒或煮湯，不妨養成多吃蔥的習慣。

COLUMN

只需少量，就能兼顧所有營養的香辛料威力

日文的香辛料源自「藥味」一詞，原本意指藥劑中所使用的藥物種類。只需少量，便可補充必要成分，調整營養均衡，具有重要的作用。

舉例來說，蕎麥均衡含有人體所需的必需胺基酸，但不含維生素A及C。只要加入蔥當香辛料，便可補足蕎麥不足的維生素，用於豆腐料理的青蔥香辛料也是同樣道理。此外，蔥具有明顯溫熱身體的作用，因此可減緩豆腐的涼性，還可在炎熱天氣裡預防食物中毒。

蔥

08 種功效

蔥可溫熱身體，強化血管，這些都有助於緩解現代人常見的血液循環問題。以下介紹蔥的有效成分。

功效 01 預防血栓

如果血管中血液容易凝固，便容易形成血栓，引發心肌梗塞或腦中風。蔥可防止血小板凝集，保持血液通暢，預防血栓形成。

功效 02 降低血壓

蔥中所含蒜素可擴張血管，促進血流，改善高血壓，且可使血栓不易形成，血液保持通暢。此外，膳食纖維可減少血中的壞膽固醇，最終有益於降低血壓。

功效 03 降血糖

蔥含有激糖素，可降血糖。激糖素雖然耐熱，但為水溶性，因此遇水容易溶於水中。利用蔥煮湯或燉菜時，建議連湯汁一起食用。

功效 04 增強免疫力

蒜素可強化身體免疫系統，增強免疫力，打造不易罹患癌症、生活習慣病、感染症的身體。此外，蔥特有的成分「蔥醇」具有強大的殺菌作用。

功效 07 止痛、消炎、解熱

自古人人便口耳相傳「感冒喝蔥湯」，將蔥視為治療喉嚨痛、鼻塞、發燒的特效藥。除了可改善輕微的感冒症狀，對於慢性支氣管炎、鼻炎、鼻蓄膿、口腔潰瘍亦有效。

功效 08 補充維生素及補礦物質

蔥葉富含β胡蘿蔔素、維生素B2、C、菸鹼酸、鈣、磷、猛、硒等營養素，青蔥自然不用多提，長蔥葉亦不妨多加利用，作為攝取維生素及礦物質的來源。

功效 05 發汗、利尿

透過蒜素的作用，促進血流通暢，可刺激發汗及利尿。因手腳冰冷而滯留於體內的水分得以順暢流通，排出多餘的水分及廢棄物，打造不易生病的健康體魄。

功效 06 滋養強壯、消除疲勞

蒜素可促進維生素B1的吸收，刺激新陳代謝活化，因此有助於改善夏季倦怠症、消除疲勞、增進食慾、胃弱等症狀，亦知有滋補壯陽的效果，可增加精子數量，恢復元氣。

蔥的營養烹飪技巧 Q&A

蔥具有非常高的藥用功效，通常多作為香辛料使用，在此讓我們多了解蔥的烹飪技巧，如何少量利用，便可獲得顯著的功效。

Q 聽說蔥切開後，靜置十五分鐘比較好是真的嗎？

A 是的。所以為了充分發揮蔥的營養成分，建議優先處理。

蔥的最大烹調技巧，就是切開後先靜置十五分鐘後再調理，與空氣接觸，可使辛味成分的硫化合物轉化為蒜素，增強保持血液通暢的作用。作為蕎麥麵、烏龍麵或涼拌豆腐等香辛料使用時，也建議至少在食用的十五分鐘前處理，盡量避免切了便即刻食用。

此外，蔥是蕎麥麵必不可少的香辛料。蕎麥麵中富含分解碳水化合物所必需的維生素B1，蔥則含有豐富的硫化丙烯，可加強維生素B1的作用，因此有望消除疲勞，亦有安神效果（舒緩焦躁）。

Q 據說白蔥絲不要泡水，是真的嗎？

A 是的，泡水會造成營養流失。

餐飲店裡的白蔥絲是將長蔥剖開後，刮去含有果膠及黏蛋白等黏性成分的薄皮，再切絲並泡在水裡，所以有益健康的成分流失得一乾二淨。在家中製作白蔥絲時，建議只去除芯的部分，切絲後快速泡一下水洗淨就好。

Q 蔥的功效會依種類而不同嗎？吃太多對身體不好嗎？

A 改善手腳冰冷，長蔥葉效果更顯著。

蔥的功效之一便是促進血液循環，溫熱身體。長蔥及青蔥兩者都有溫熱身體的作用，但長蔥比青蔥效果更好，且據說長蔥葉的效果尤為顯著。長蔥葉偏硬不易食用，不妨用來做湯底去腥或調味，無須食用蔥葉，也能透過喝湯吸收湯中的營養成分。

目前尚無具體的每日建議攝取量，但建議盡量每天少量食用。順帶一提，蔬菜的每日建議攝取量為350g（黃綠色蔬菜120g加淺色蔬菜230g），長蔥屬於淺色蔬菜，青蔥則被歸類為黃綠色蔬菜。

如何切蔥才能美味又有效攝取其營養素？

如果講求功效，建議生食；著重份量的話，建議加熱。

蔥的主要功效來自硫化丙烯，是一種會散發刺激性氣味的成分。建議生鮮切碎，做成香辛料一點一點地使用，較能有效攝取該成分。切蔥花、剁碎等增加切口面積，能使其接觸空氣，香味更強烈，亦可增加有益於預防血栓及消除疲勞的蒜素。

此外，美食講求的是味道均衡。涼拌豆腐及蕎麥涼麵等味道清淡的菜餚，適合細薄的蔥花；拉麵等重口味的溫熱料理，適合粗一點的蔥花；肉類料理或炒菜等用油烹飪的濃郁菜色，則適合蔥段或斜切片。

蔥可以冷凍嗎？冷凍會影響營養價值嗎？

長蔥切碎冷凍，青蔥切碎冷藏。

長蔥事先切碎冷凍，青蔥切碎冷藏保存，十分便利。蔥切碎後冷凍或冷藏，幾乎不會影響維生素及礦物質，但香味及辛味成分接觸空氣後會揮發，因此盡量迅速處理，避免接觸空氣，並以密封保存。青蔥較適合冷藏而非冷凍，是因為青蔥切碎後容易出水，解凍時會變得水水爛爛的。青蔥富含的胡蘿蔔素為脂溶性，因此不會因冷凍或冷藏保存而流失。

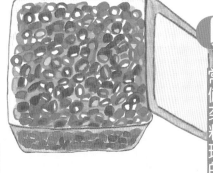

有推薦哪些與蔥搭配的「健康食材」嗎？

蔥適合與維生素B1豐富的食材、或冷卻身體的食材搭配組合。

蔥特有的香味成分「硫化丙烯」（蒜素）可強化維生素B1的作用，幫助碳水化合物代謝、安神，因此亦有益於消除疲勞。所以，不妨與富含維生素B1的豬肉、肝臟、紅鮭、鰻魚、蕎麥、糙米等搭配食用。

此外，蔥為溫熱身體的食材，食用素麵或烏龍冷麵時佐以蔥當香辛料，或搭配涼拌豆腐，可防止體溫降低。其他如茄子、小黃瓜、番茄等有清熱效果的蔬菜，與蔥一起炒或做成拌菜，也能獲得同樣的效果。

常備菜料理的營養會流失嗎？

無需太在意維生素、礦物質等的流失，不妨善用隨時即食的便利。

蔥的香味成分並不像維生素及礦物質屬於每天必須攝取的營養成分，少量且持續的攝取，相信還是對健康有益。常備菜可說是隨時可以食用食材的好方法。

蔥全利用食譜

介紹享受蔥最天然美味的全利用食譜。善用各種調理法，
可以令人在不知不覺間吃下一整根蔥的滋養。

清蒸檸香蔥

淋白酒蒸煮出來的長蔥香氣四溢！

材料（2人份）

長蔥…2根　　　檸檬…約1/2顆
鹽…1/3小匙　　粗黑胡椒粉…少許
月桂葉…1片　　特級初榨橄欖油…1大匙
白酒…2大匙

作法

1 長蔥對半切成一半長度，再對半縱剖。

2 將1以切面向上排放於耐熱盤上，撒鹽後稍微靜置。擺上月桂葉，淋白酒，蓋上保鮮膜，以微波爐加熱約兩分鐘。

3 將2取出，僅將蒸汁倒入另一個容器，加檸檬汁、粗黑胡椒粉、橄欖油混拌，淋於長蔥上使其入味。

1人份 **86**kcal　　鹽分1人份 **1.0** g

蔥

蔥燒豬肉捲

長蔥吸滿濃郁肉汁，回味無窮！

〔材料（2人份）〕

長蔥…2根
豬五花肉片…6片
鹽、粗黑胡椒粉…各少許
芝麻油…1小匙
檸檬瓣…適量

作法

1 長蔥對半切，於蔥段上每隔2~3mm切出刀痕，翻面同樣地於另一面每隔2~3mm切出刀痕。

2 將豬肉片一片片鋪平，撒鹽、粗黑胡椒粉，從蔥段1/4的部位開始斜捲包覆整個蔥段。

3 平底鍋熱芝麻油，加2，一邊翻面一邊煎燒豬肉捲，使其熟透。佐以檸檬片盛盤。

〔1人份 395 kcal〕 〔鹽分1人份 0.6 g〕

炸蔥串

炸蔥油而不膩，甘甜清香！

〔材料（2人份）〕

長蔥…2根
〈麵衣〉
　麵粉、蛋液、麵包粉
　　…各適量
油炸油…適量
檸檬瓣、中濃醬汁
　　…各適量

作法

1 長蔥依長度切四至五等分，用竹籤將一根長蔥串成兩串蔥串。

2 將1依照麵粉、蛋液、麵包粉的順序沾裹麵衣。

3 油炸油加熱至170℃，放入2，炸至金黃酥脆。

4 瀝油盛盤，佐以檸檬片及中濃醬汁。

〔1人份 142 kcal〕 〔鹽分1人份 0.4 g〕

蔥威力升級食譜

只當香辛料使用，也太小看蔥的威力！
以下介紹可以盡情享用蔥的十足功效的強效食譜。

長蔥與味噌搭配出經典美味

味噌蔥燒鮭魚

材料（2人份）

長蔥…2根
長蔥葉段…適量
生鮭魚排…2塊
鹽、胡椒粉…各少許
麵粉…適量
奶油…1大匙
高湯…1杯
味噌…2小匙～1大匙
薑泥…適量

作法

1. 整枝長蔥切成4cm長的蔥段，蔥葉段切絲。鮭魚切成適口大小，撒鹽、胡椒粉，沾抹麵粉。

2. 平底鍋加奶油，開小火，奶油融化後，排入鮭魚片，火轉大煎燒，稍微煎出焦黃色後翻面，於鍋中空位放入蔥段，一起煎燒。

3. 鮭魚與蔥段都煎至金黃後，加高湯煮滾，溶入味噌，繼續燉煮至湯汁變少。

4. 汁連湯汁盛盤，佐以薑泥、蔥絲擺飾。

1人份 **219** kcal　鹽分1人份 **2.0** g

香蔥奶油焗烤牡蠣

每到冬季都令人回味無窮的終極組合

材料（2人份）

長蔥…2根　　　麵粉…2大匙
牡蠣…200g　　牛奶…1杯
青花菜…1/3顆　鹽、胡椒粉…各少許
奶油…1大匙

作法

1　長蔥切成1～2cm長的蔥段，牡蠣（譯注：或可以鮮蚵替代）以鹽水（額外份量）洗去外層黏液，再用廚房紙巾吸乾水分。青花菜剝小朵，準備一鍋加少許鹽（額外份量）的滾水汆燙備用。

2　平底鍋熱奶油，炒蔥段及牡蠣，加麵粉繼續拌炒。最後慢慢加入牛奶，攪拌使湯汁濃稠，加青花菜混拌，以鹽、胡椒粉調味。

3　於耐熱容器上塗抹少許奶油（額外份量），倒入2，以小烤箱烤至表面金黃。

1人份256kcal　鹽分1人份2.0g

材料（2人份）

長蔥…2根
牛肉碎片…150g
沙拉油…1/2大匙
砂糖…1大匙
酒…1又1/2大匙
醬油…2大匙
紅薑絲…適量
蛋…2顆

壽喜蔥燒牛

鹹甜醬油，下飯的好滋味

作法

1　長蔥斜切成約1cm厚的斜切片。

2　鍋中加沙拉油熱鍋，加入1，煎燒至稍微上色。燒出焦黃後，加牛肉拌炒。

3　加砂糖、酒使其入味，再加醬油調味。

4　盛盤，佐以紅薑絲。蛋打散，沾蛋汁享用。

1人份403kcal　鹽分1人份3.0g

青蔥（珠蔥）…1束　　沙拉油…1又1/2大匙
板豆腐…1/2塊　　　鹽、粗黑胡椒粉
高麗菜…2片大葉片　　　…各適量
豬五花肉片…50g　　櫻花蝦…5g
豆芽菜…50g　　　　柴魚片…1/2小袋

（作法）

1 青蔥切成3～4cm長的蔥段，豆腐切成1cm厚度，高麗菜與豬肉切成1cm寬。

2 平底鍋加入一半沙拉油熱鍋，放入豆腐兩面煎燒，撒鹽、粗黑胡椒粉後取出。

3 於2的平底鍋中加入剩餘的沙拉油，放入豬肉拌炒。肉炒白後，加高麗菜及豆芽菜翻炒，撒鹽、粗黑胡椒粉。

4 蔬菜炒軟後，將豆腐倒回鍋中，加蔥段、櫻花蝦拌炒，最後以鹽、粗黑胡椒粉調味。盛盤，撒柴魚片。

青蔥色香味俱全的
眞實美味

豆腐蔥雜炒

1人份283kcal　鹽分1人份0.9g

焗烤蔥肉醬

搭配市售肉醬及起司做成焗烤

拌炒後香甜更勝的長蔥，

1人份239kcal　鹽分1人份2.0g

（材料（2人份））

長蔥…3根
橄欖油…1大匙
鹽、粗黑胡椒粉…各少許
肉醬（市售品）…150g
披薩專用乳酪…40g

（作法）

1 長蔥切成1cm寬的蔥花。

2 平底鍋加橄欖油熱鍋，加 1 翻炒至熟軟，撒鹽、粗黑胡椒粉。

3 將2平鋪於耐熱容器中，倒入肉醬，最上層鋪滿披薩專用乳酪，放入小烤箱，烤約十五分鐘至表面金黃。

義式香酥蔥餅

裹上起司風味的麵衣，香酥上菜

材料（2人份）

萬能蔥…1束
〈麵衣〉
　蛋…1顆
　起司粉…1大匙
　鹽、胡椒粉…各少許
麵粉…2大匙
橄欖油…1大匙
〈奧羅拉醬〉
　番茄醬…1大匙
　美乃滋…1大匙
　蒜泥…少許

作法

1 萬能蔥切成10cm長的蔥段，將麵衣材料調勻。

2 使蔥段沾滿麵粉，緊密排放於淺盤中，淋上麵衣。

3 平底鍋加橄欖油熱鍋，將2數根沾裹麵衣的蔥段塑形成餅狀一起下鍋，兩面煎燒製香酥。將奧羅拉醬的材料調勻，一起上桌。

1人份 149 kcal　鹽分1人份 1.1 g

蔥炒豆皮

黑胡椒粉的香氣令人胃口大開！

材料（2人份）

長蔥…1根　　　橄欖油…1/2大匙
油豆腐皮…1/2片　鹽、粗黑胡椒粉…適量

作法

1 長蔥斜切成薄片，油豆腐皮去油後，切成短條薄片。

2 於鍋中加橄欖油熱鍋，依序加入油豆腐皮、長蔥翻炒，以鹽調味。

3 盛盤，撒多一點粗黑胡椒粉。

1人份 71 kcal　鹽分1人份 0.5 g

焗烤濃蔥湯

令人舒心放鬆的溫和滋味

材料（2人份）

長蔥…2根
奶油…2小匙
顆粒高湯粉…1小匙
月桂葉…1片
鹽、粗黑胡椒粉…各少許
披薩專用乳酪…10g
法棍薄片…2片

作法

1 長蔥切成5mm寬的蔥花。

2 鍋中加奶油，開小火，奶油融化後加蔥花，翻炒至長蔥變褐色但不燒焦。

3 於2中加1又1/2杯水、顆粒高湯粉、月桂葉，火轉大煮滾，最後以鹽、粗黑胡椒粉調味。

4 於法棍薄片鋪上披薩專用乳酪，以小烤箱烘烤。

5 將3倒入餐碗中，並將4放在最上方完成。

1人份 108 kcal　鹽分1人份 1.4 g

蔥的實用常備菜

為了每天食用，建議做成醬料、醬汁或醃漬，不僅方便保存，
還能嘗試各種應用變化，樂趣無窮。

常備菜

蔥鹽醬

長蔥的香氣與芝麻油、黑胡椒粉的風味完美融合，
能調配出老饕最愛的蔥油醬。搭配串燒、烤肉、
涼拌豆腐或溫豆腐，或是做成涼拌小菜
都十分推薦。冷藏可保存三至四天。

材料（方便製作的份量）

長蔥…1根
鹽…1小匙滿匙
粗黑胡椒粉…適量
芝麻油…3大匙

作法

1 長蔥切碎。

2 將蔥末、鹽、粗黑胡椒
粉放入調理碗中混拌，
鹽充分溶化後，加芝麻
油拌勻。

總熱量 **360** kcal　總鹽分 **6.9** g

健康溫豆腐

熱豆腐佐以蔥鹽醬，
簡單的輕鬆小品

材料（2人份）

蔥鹽醬…2大匙
豆腐（板豆腐或嫩豆腐）…1塊
昆布…10cm長1片

作法

1 豆腐切成方塊。

2 昆布整片放入鍋中，加入適量
水，開小火，開始起泡沸騰時，
放入豆腐溫熱。

3 取出昆布，將湯汁與豆腐盛
盤，佐以蔥鹽醬擺飾。

1人份 **133** kcal　鹽分1人份 **0.5** g

蔥鹽醬燒牛舌

美味的關鍵在於
用蔥鹽醬抓醃後再烤

〔材料（2人份）〕

蔥鹽醬…2大匙
牛舌（切薄片）…100g
芝麻油…1小匙

〔作法〕

1 牛舌平鋪於淺盤上，淋上蔥鹽醬，醃漬三十分鐘以上。

2 於平底鍋加芝麻油熱鍋，放入1，快速煎燒兩面。

3 盛盤，淋上平底鍋中剩餘的蔥鹽醬。

〔1人份 178 kcal〕 〔鹽分1人份 0.6 g〕 應用

應用

涼拌菠菜

只需混拌超簡單！亦可改用
小松菜、豆芽菜、胡蘿蔔等蔬菜

〔材料（2人份）〕

菠菜…1小束（約200g）
醬油…1/2小匙
〈拌菜醬料〉
　蔥鹽醬…2大匙
　蒜泥…少許
　白芝麻粉…1大匙

〔作法〕

1 準備一鍋加少許鹽（額外份量）的滾水燙菠菜，菠菜熟後撈起擠乾水分，切成3cm長度，淋醬油，使其稍微入味後，擠出醬汁。

2 將拌菜醬料的材料調勻，加1混拌。

〔1人份 74 kcal〕 〔鹽分1人份 0.7 g〕

醬油蔥醬

蔥末與調味料混合出濃郁醬油口味的醬料。
不論是涮肉片、燙青菜、漢堡排、
還是重口味的配菜,用途極為廣泛。
冷藏可保存三至四天。

材料(方便製作的份量)

長蔥…1根　　　　醋…1大匙
醬油…3大匙　　　蒜泥…1/3小匙
酒…2大匙　　　　芝麻油…2小匙
砂糖…1大匙　　　熟白芝麻粒…1小匙

作法

1 長蔥切碎。

2 除芝麻以外,將所有材料放入調理碗中調勻,
砂糖溶化後再放入芝麻混拌。

總熱量 231 kcal　　　總鹽分 7.9 g

應用

蘸滿醬油蔥醬的涮肉片令人意猶未盡
醬油蔥醬涮白肉片

材料(2人份)

醬油蔥醬…4大匙
豬肉涮片…100g
長蔥葉段…約1根
薑片…3〜4片
番茄…1/2顆

作法

1 準備一鍋滾水,加入蔥葉段
與薑片,煮滾後,每次放二至
三片肉片入鍋涮肉片,涮好
的肉片放入冷水冷卻,撈起
瀝乾水分。

2 番茄切薄片鋪於盤上,將肉
片疊放在番茄上,淋上醬油
蔥醬。

1人份 148 kcal　　　鹽分1人份 0.8 g

蔥

醬油蔥醬鮪魚蓋飯

新鮮鮪魚的甘美經濃縮後，變得更醇厚

材料（2人份）

醬油蔥醬…4大匙
鮪魚生魚片（赤身或
　中腹肉）…160g
白飯（溫）…2大碗

作法

1 鮪魚鋪放在淺盤上，淋上
　醬油蔥醬，醃漬三十分鐘
　以上使其入味。

2 於餐碗中盛白飯，將1擺飾
　在白飯上。

應用　1人份 373 kcal　鹽分1人份 0.8 g

應用

香蔥炒蛋

蔥、芝麻與醬油的香氣令人食慾大增

材料（2人份）

醬油蔥醬…3大匙
蛋…3顆
沙拉油…2小匙

作法

1 蛋打散，混入醬油蔥醬。

2 平底鍋加沙拉油熱鍋，倒入1
　的蛋液，輕柔攪拌，略為凝固
　後翻炒成熟軟的嫩蛋。

1人份 168 kcal　鹽分1人份 1.0 g

蔥味噌

偏甜的蔥味噌，抹上肉片、魚肉、油豆腐上
燒烤一下，味噌濃郁的香氣，令人垂涎欲滴。
新鮮蔬菜或燙青菜的佐料也非常合適。

材料（方便製作的份量）

長蔥…1/2根
味噌…2大匙
砂糖…1大匙
酒…2小匙
沙拉油…1大匙

作法

1 長蔥切碎。

2 將味噌、砂糖、酒、沙拉
油調勻，加入1拌勻。

總熱量 229 kcal　總鹽分 4.5 g

蔥味噌香煎豬肉片

裹上麵粉香煎，美味不流失，冷了也好吃！

材料（2人份）

蔥味噌…1大匙
豬後腿肉片…6片
鹽、胡椒粉…各少許
麵粉…適量
芝麻油…2小匙

作法

1 將肉片一片片鋪平攤
開，撒鹽、胡椒粉，抹
一層薄薄的蔥味噌，將
肉片對折。

2 將肉片沾滿一層薄麵
粉，平底鍋以芝麻油熱
鍋，煎至兩面焦香。

1人份 236 kcal　鹽分1人份 0.9 g

蔥味噌烤油豆腐

抹一層蔥味噌，烤一烤即刻上桌。亦可依喜好撒芝麻或七味辣椒粉

材料（2人份）

蔥味噌…2大匙
油豆腐…1片

作法

1 油豆腐切成六等分。

2 烤盤上鋪烘培紙或鋁箔
紙，將油豆腐排放紙上，抹
一層蔥味噌，以小烤箱烤至
焦黃。

1人份 182 kcal　鹽分1人份 0.6 g

解開超級食物關鍵密碼、
擺脫烹調雷區的 288 道食譜，
發揮營養最大值

這樣煮
才對！

植化素
蔬菜
大全

作者 石原結實、牧野直子
譯者 林姿呈
主編 呂宛霖
責任編輯 孫珍
封面設計 羅婕云
內頁美術設計 李英娟

執行長 何飛鵬
PCH集團生活旅遊事業總經理暨社長 李淑霞
總編輯 汪雨菁
行銷企畫經理 呂妙君
行銷企劃專員 許立心

出版公司
墨刻出版股份有限公司
地址：台北市104民生東路二段141號9樓
電話：886-2-2500-7008／傳真：886-2-2500-7796
E-mail：mook_service@hmg.com.tw
發行公司
英屬蓋曼群島商家庭傳媒股份有限公司城邦分公司
城邦讀書花園：www.cite.com.tw
劃撥：19863813／戶名：書虫股份有限公司
香港發行城邦（香港）出版集團有限公司
地址：香港灣仔駱克道193號東超商業中心1樓
電話：852-2508-6231／傳真：852-2578-9337
製版・印刷 漾格科技股份有限公司
ISBN 978-986-289-742-3・978-986-289-743-0（EPUB）
城邦書號 KJ2066　**初版** 2022年8月
定價 460元
MOOK官網 www.mook.com.tw
Facebook粉絲團
MOOK墨刻出版 www.facebook.com/travelmook
版權所有・翻印必究

SHITTE ODOROKU PHYTOCHEMICAL KENKO YASAI TAIZEN
©Yumi Ishihara, Naoko Makino 2021
First published in Japan in 2021 by KADOKAWA CORPORATION, Tokyo. Complex Chinese translation
rights arranged with KADOKAWA CORPORATION, Tokyo through Keio Cultural Enterprise Co., Ltd.
This Complex Chinese translation is published by Mook Publications Co., Ltd.

國家圖書館出版品預行編目資料

植化素蔬菜大全：這樣煮才對！解開超級食物關鍵密碼、擺脫烹調
雷區的288道食譜，發揮營養最大值 /石原結實、牧野直子 作；林姿
呈譯. -- 初版. -- 臺北市：墨刻出版股份有限公司出版：英屬蓋曼群
島商家庭傳媒股份有限公司城邦分公司發行, 2022.8
232面；16.8×23公分. -- (SASUGAS ; 66)
譯自：知って驚くファイトケミカル 健康野菜大全
ISBN 978-986-289-742-3(平裝)
1.蔬菜食譜 2.健康飲食
427.3　　111010499